この1冊で合格できる!

はじめての 乙種第4類 危険物

工藤政孝【編著】

●対話形式ではじめての学習でも入りやすい!

●例題と解説が豊富で頭に入りやすい!

●イラスト満載・ゴロ合わせでスイスイ暗記できる!

弘文社

まえがき

本書は，“乙４を受けてみたいけど，何だか難しそうで，自分には敷居(しきい)が高そうだな”とか，“危険物を取り扱う業務に就(つ)いているけど，試験はどうも苦手で…”という方のために企画，編集した，出来るだけ「敷居を低くした」テキストです。

では，どのように敷居を低くしたかというと，

❶ 基本的に，先生と生徒の対話形式とし，先生がわかりやすく解説を進めていく中で，生徒が時々質問をする，というスタイルを取りました。このような体裁(ていさい)をとることによって，読者も感じる疑問を生徒が代わって質問するというスタイルになり，読者も一人ではなく，生徒と一緒になって学習しているという連帯感を感じることができます。

❷ このテキストには，一般のテキストによくある章末の問題編はありません。
その代わり，項目の学習が終われば，すぐにその内容を確認することができる代表的な例題とわかりやすい解説を用意しました。従って，知識をインプットした，そのすぐ後に内容をチェックできるので，効率良く学習を進めることができます。

❸ 乙４の試験範囲は，思ったより広く，これらをすべてマスターしようとすると，非常にたくさんの時間が必要です。従って，本書では「合格に必要な重要ポイント」を中心にして，あまり試験には出ない部分は簡単に説明するか，または省略して，学習の効率を上げるように設定いたしました。

以上のような特徴によって，受験を今まで思いとどまっていた人にも敷居を低くして，乙４試験をより多くの人に受験していただきたい，というのが本書の目的です。

従って，肩の力を抜いて，軽い気持ちから乙４の学習に入っていただきたいと思います。

なお，本書は，「わかりやすい乙種第４類危険物取扱者試験（弘文社刊）」をベースにして編集してあります。

よって，本書を読み進むにつれて，「この部分をもう少し掘り下げて学習し

たい」 と思われたなら，上記のテキストの同じ部分を開いて，より深い知識を学ぶことができるので，もし，そのように思われたなら，上記のテキストも有効に活用されると，より効率的な学習ができると思います。

最後に，本書を手にされた方が一人でも多く「試験合格」の栄冠を勝ち取られんことを，紙面の上からではありますが，お祈り申し上げております。

著者識

目　次

第1編　法令

第2編　基礎的な物理学及び基礎的な化学

第1章　物理に関する基礎知識（98）

第2章　化学に関する基礎知識（113）

第3章　燃焼の基礎知識（127）

第4章　消火の基礎知識（138）

第3編　危険物の性質並びにその火災予防及び消火の方法

本書の使い方

本書を効率よく使っていただくために，次のことを理解しておいてください。

1．本書に登場する人物は，次の通りです。

先生：このテキストの言わば主人公です。

ヒロ君：生徒の中でも，特によく質問をする生徒です。

2．前書きにも記しましたが，本書は，出題率の高い重要ポイントを中心にしたテキストです。

従って，本書を仕事の合間などに繰り返し読めば，その実力は自然に付いてくると思います。ただし，これも前書きに記しましたが，もっと正解率を伸ばしたいと思われた方は，「わかりやすい乙種第４類危険物取扱者試験」の該当する部分を参照して力を伸ばしてください。

3．少し詳しく について

この部分は，通常の本文の内容より，少し難しい内容になっています。

従って，本文を余裕で理解できて，もう少し深く内容を知りたい方は，この項目やコーナーにも目を通してください。

4．本書の最後には，模擬テストを２回分用意してあります。

この模擬テストは，今までの少し“緩(ゆる)い”内容ではなく，実際に出題される内容と同じ難易度になっています。というのは，本書は入門編ではありつつも，合格できる知識を習得する，ということが目的なので，実際に出題されるレベルの試験に慣れていただく意味でこのような設定にしました。

従って，本番でいきなり本試験のレベルを経験するのではなく，この模擬テストで，本番レベルの問題を経験できるようになっており，良い予行演習になると思っております。

5．多くの項目には例題が入っています。

例題の答えは概ね，次のページの下欄に入っています。

受験上の注意

1．受験申請

自分が受けようとする試験の日にちが決まったら，受験申請となるわけですが，大体試験日の**1ヶ月半位前**が多いようです。その期間が来たら，郵送で申請する場合は，なるべく**早めに申請**しておいた方が無難です。というのは，もし，申請書類に不備があって返送され，それが申請期間を過ぎていたら，再申請できずに次回にまた受験，なんてことになりかねないからです。

2．試験場所を確実に把握しておく。

普通，受験の試験案内には試験会場までの交通案内が掲載されていますが，もし，その現場付近の地理に不案内なら，ネットなどで確認しておいた方がよいでしょう。

実際には，当日，その目的の駅などに到着すれば，試験会場へ向かう受験生の流れが自然にできていることが多く，そう迷うことは少ないとは思いますが，そこに着くまでの電車を乗り間違えたりまた，思っていた以上に時間がかかってしまった，なんてことも起こらないとは限らないので，情報をできるだけ正確に集めておいた方が精神的にも安心です。

3．受験前日

これは当たり前のことかもしれませんが，当日持っていくものをきちんとチェックして，前日には確実に揃えておきます。特に，**受験票**を忘れる人がたまに見られるので，筆記用具とともに再確認して準備しておきます。

なお，解答カードには，「必ず**HB**，又は**B**の鉛筆を使用して下さい」と指定されているので，HB，又はBの鉛筆を**2～3本**と，できれば予備として**濃い目のシャーペン**などを準備しておくと安心です（100円ショップなどで売られているロケット鉛筆があれば重宝するでしょう。）。

特別公開

これが危険物取扱者試験だ！本試験はこう行われる

(1) 試験の概要

まず，初めて試験を受けられる方のために，本試験の概要を次に挙げておきます。

① 試験時間は十分あるか？

乙種危険物取扱者試験は**2時間**もあるので，練習問題を何回も繰り返していれば，十分にあると思います。

② 試験の形式について

乙種第4類危険物取扱者試験の場合は，**35問**出題されます。

③ 鉛筆や消しゴムを忘れた場合はどうなる？

⇒ 一応，試験官が忘れた人のために鉛筆を持参してきているのが一般的です（消しゴムに関しては未確認です）。

④ 試験用紙はどのくらいの大きさか？

⇒ 受験申請する際に，消防署などで受験願書をもらうと思いますが，あれとほぼ同じ大きさです（おおむねA4の大きさ）。

以上です。

ぜひ，持てる力を十二分に発揮して，合格通知を手にしてください！

(2) 本試験のシミュレーション

初めて危険物取扱者試験を受けられる方にとっては，試験場の雰囲気や試験の実施状況など，わからないことがほとんどだと思いますので，ここで，初めて受験される方を対象として，本試験の流れを解説してみたいと思います。

試験当日が来ました。試験会場には，高校や大学が多いようですが，ここでは，とある大学のキャンパスを試験会場として話を進めていきます。

なお，集合時間は**13時00分**で，試験開始は**13時30分**とします。

1. 試験会場到着まで

まず，最寄の駅に到着します。改札を出ると，受験生らしき人々の流れが会場と思われる方向に向かって進んでいるのが確認できると思います。その流れに乗って行けばよいというようなものですが，当日，別の試験が別の会場で行われている可能性が無きにしもあらず，なので，場所の事前確認は必ずしておいてください。

さて，そうして会場に到着するわけですが，少なくとも，12 時 45 分までには会場に到着するようにしたいものです。特に初めて受験する人は，何かと勝手がわからないことがあるので，十分な余裕を持って会場に到着してください。

会場への人の流れ

2．会場に到着

大学の門をくぐり，会場に到着すると，図のような案内の張り紙が張ってあるか，または立てかけてあります。

これは，どの受験番号の人がどの教室に入るのかという案内で，自分の受験票に書いてある**受験番号**と照らし合わせて，自分が行くべき教室を確認します。

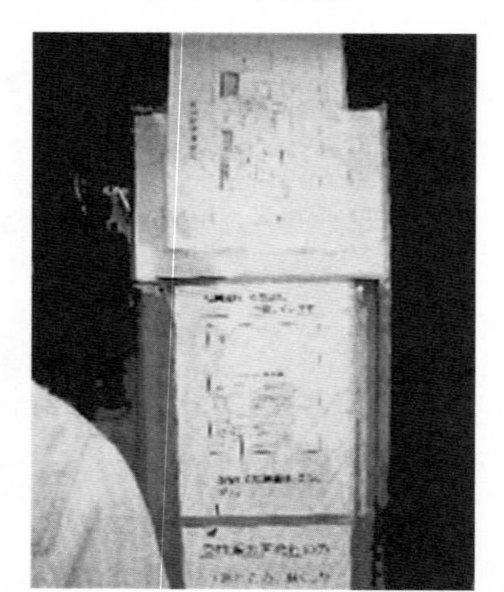

受験番号と教室の案内

3．教室に入る

自分の受験会場となる教室に到着しました。すると，黒板のところに，ここにも何やら張り紙がしてあります。これは，どの受験番号の人がどの机に座るのかという案内で，自分の**受験番号**と照らし合わせて自分の机を確認して着席します。

4．試験の説明

会場によっても異なりますが，一般的には 13 時になると，試験官が問題用紙を抱えて教室に入ってきます（13 時過ぎに入ってくる会場もある）。従って，それまでにトイレは済ませておきたいですが，30 分も説明タイムは取らないので，試験官がトイレタイムを取るところが一般的です。

そして，試験官の説明となりますが，内容は試験上の注意事項のほか，問題用紙や解答カードへの記入の仕方などが説明されます。それらがすべて終ると，試験開始までの時間待ちとなります。

5．試験開始

「それでは，試験を開始します」という，試験官の合図で試験が始まります。初めて受験する人は少し緊張するかもしれませんが，時間は十分あるので，ここはひとつ冷静になって一つ一つ問題をクリアしていきましょう。

なお，その際の受験テクニックですが，巻末の模擬試験の冒頭にも記してありますが，簡単に説明すると，

① 難しい問題だと思ったら，とりあえず何番かに答を書いておき（問題用紙の問題番号の横などに「？」などの目印を書いておく），後回しにします（⇒ **難問に時間を割かない**）。

② 時間配分をしておく。
試験時間が2時間と十分にあるので，ここまで神経質になる必要はないかもしれませんが，おおむね1時間半までには終了するように時間配分をしておくと，余裕で解答できるかと思います。

6．途中退出

試験開始から35分経過すると，試験官が「それでは35分経過しましたので，途中退出される方は，机に張ってある受験番号のシールを問題用紙の名前が書いてあるところの下に張って，解答カードとともに提出してから退出してください。」などという内容のことを通知します。すると，もうすべて解答し終えたのか（それとも諦めたのか？），少なからずの人が席を立ってゴソゴソと準備をして部屋を出て行きます。そして，その後もパラパラと退出する人が出てきますが，ここはひとつ，そういう“雑音”に影響されずにマイペースを貫きましょう。

7．試験終了

試験終了5分ぐらい前になると，「試験終了まで，あと5分です。**名前や受験番号**などに書き間違えがないか，もう一度確認しておいてください」などと試験官が注意するので，その通りに確認するとともに，**解答の記入漏れ**が無いかも確認しておきます。

そして，15時30分になって，「はい，試験終了です」の声とともに試験が終了します。

以上が，本試験をドキュメント風に再現したものです。地域によっては多少の違いはあるかもしれませんが，おおむね，このような流れで試験は進行します。従って，前もってこの試験の流れを頭の中にインプットしておけば，さほどうろたえる事もなく，試験そのものに集中できるのではないかと思います。

みんなたいてい初めて受ける人ばかりなので，大丈夫大丈夫

★と★★のマークについて

本文および問題には，ほぼ重要度に比例するように★★，および★を付けてあります（マークのない問題は「普通」の問題です）。

したがって，もうほとんど時間がなくて基礎的な項目，または問題だけを取りあえずはやろう，という方は★★マークのみを（ただし，合格圏内に入るのは少し苦しい……かもしれません）。

それよりは少し時間に余裕のある方は，★★，および★マークのみを（個人差はありますが，合格圏内ギリギリ……？）。

時間はかかってもじっくりと，より完璧を目指したいという方はすべての問題を解く……，というように受験者の状況に合わせて学習のプログラムを組むことができるように構成してあります。

（注：★マークの問題でも★★マークと同じくらい重要な問題がありますが，他の★★マークの繰り返しのような問題や，模擬テストの中の問題と重なる場合は効率を考えて★マークとしてあります。）

第１編

法　令

本文および問題には，ほぼ重要度に比例するように★★マーク（超重要），および★マーク（重要）を付けてあります（マークのない問題は「普通」の問題です）。

第1章 危険物を学ぼう！

1 危険物ってなんだ？ ★★

さあ，いよいよ危険物の学習を始めるけど，ヒロ君，危険物って聞いて何を思い浮かべる？

え～っと……，ガソリンとか…プロパンとか…

う～ん。そのプロパンというのは，実は危険物取扱者試験では危険物には入らないんだ。というのは，

「危険物とは，1気圧において温度20℃で固体又は液体の状態にあるものをいう」

と定められているため，プロパンのような気体は消防法では危険物には入らないんだ（⇒別の法律で規制されている）。

なお，危険物は次のようにも定められている。

「危険物とは，消防法別表第1（しょうぼうほうべっぴょう）*の品名欄（ひんめいらん）に掲げる物品で，同表に定める区分に応じ同表の性質欄に掲げる性状を有するもの」

（＊こういう名前の表がある⇒p. 228）

ここの下線部を見てもわかるように，危険物はあくまでも消防法で定められているので，もし，試験の選択肢において「危険物は，「**市町村条例**で定められている」とあれば×になるんだ。

ところで，その危険物には，次の表1のように，1類から6類まであるんだ。

ん？　少しびびったかな？（笑）でも，大丈夫。今は，1類から6類まであるんだという事と，それぞれの類には主な品名の欄に記載された危険物があるんだな，くらいに軽く理解しておけばいいよ。

わかりました！

表1　危険物の分類

類別	性質	主な品名
第1類	酸化性固体	硝酸塩類，塩素酸塩類など （品名が〇〇酸塩類，または，〇〇素酸塩類，となっているもの）
第2類	可燃性固体	**硫化リン，鉄粉，金属粉，赤リン，硫黄，マグネシウム**など
第3類	自然発火性物質及び禁水性物質	**カリウム，ナトリウム，黄リン，アルキルアルミニウム，アルキルリチウム**など
第4類	引火性液体	p. 18の表2参照
第5類	自己反応性物質	有機過酸化物，硝酸エステル類，ニトロ化合物，ジアゾ化合物など
第6類	酸化性液体	**過塩酸酸，過酸化水素，硝酸**など

さて，ヒロ君，ここでいきなりだが，次の例題を解いてほしい。

【例題1】**法別表第1**に危険物の品名として掲げられていないものは，次のうちいくつあるか。

A　硝酸　B　黄リン　C　アセチレン　D　塩酸　E　水素

(1)　1つ　(2)　2つ　(3)　3つ　(4)　4つ　(5)　5つ

本当にいきなりですね（笑）　え～っと……，「気体のものは危険物ではない」ので，Cのアセチレンはガスで，Eの水素も気体なので，2つだと思います。

CとEは合ってるけど，Dの塩酸も消防法では危険物には含まれていないんだ。

従って，正解は，C，D，Eの**3つ**になる。このように，表1を見ながら問題を繰り返し解いていけば，危険物に入るかそうでないか，というのが自然と分かってくるものなんだ。

ちなみにAの硝酸（しょうさん）は第6類，Bの黄（おう）リンは第3類のところに書いてあるので，危険物になる。
さて，次は僕たちが学ぼうとしているのは，先ほどの表の中にある１類から６類までの危険物のうちのどの危険物かな？

え〜っと……，確か４類だったかな？

そう，その第４類危険物だ。
その第４類危険物にも次のような種類がある。

表２　第４類危険物の指定数量

品名	引火点	性質	主な物品名	指定数量
特殊引火物	−20℃ 以下		ジエチルエーテル，二硫化炭素，アセトアルデヒド，酸化プロピレンなど	**50 ℓ**
第１石油類	21℃ 未満	非水溶性	ガソリン，ベンゼン，トルエン，酢酸エチルなど	**200 ℓ**
		水溶性	アセトン，ピリジン	400 ℓ
アルコール類			メタノール，エタノール	**400 ℓ**
第２石油類	21℃ 以上 70℃ 未満	非水溶性	灯油，軽油，キシレン，クロロベンゼン	**1000 ℓ**
		水溶性	酢酸，アクリル酸，プロピオン酸	2000 ℓ
第３石油類	70℃ 以上 200℃ 未満	非水溶性	重油，クレオソート油，ニトロベンゼンなど	**2000 ℓ**
		水溶性	グリセリン，エチレングリコール	4000 ℓ
第４石油類	200℃ 以上		ギヤー油，シリンダー油など	**6000 ℓ**
動植物油類			アマニ油，ヤシ油，ナタネ油など	**10000 ℓ**

（大）↑（危険度）↓（小）

これまたいっぱい書いてあるな〜

指定数量は，ゴロ合わせを利用するなどして必ず覚えてね。

例題解答　■1【例題 1】(3)

ハハハ，そう思うのも無理はないが，**引火点**と書いてある欄があるだろう？
その引火点というもので，表にあるように7つの品名に分類されているだけなんだ。
その品名なんだが，第１石油類や第２石油類などのところには，さらに「**水溶性**」と「**非水溶性**」と分かれているだろ？　この「水溶性」とあるのが水に溶ける性質を表し，「非水溶性」とあるのが水に溶けない性質を表している危険物なんだ。
次に「**主な物品名**」の欄は，それぞれの品名に属している危険物ということになる。
この第４類危険物の各品名の説明については，次のように定められているんだ。

表3

- **特殊引火物**：ジエチルエーテル，二硫化炭素その他１気圧において，**発火点が100度以下のもの，又は引火点が零下20度以下で沸点が40度以下**のもの
- **第１石油類**：アセトン，ガソリンその他１気圧において**引火点が21度未満**のもの
- **アルコール類**：1分子を構成する炭素の原子の数が**1個**から**3個**までの**飽和一価アルコール**（変性アルコールを含む）
- **第２石油類**：灯油，軽油その他１気圧において**引火点が21度以上70度未満**のもの
- **第３石油類**：重油，クレオソート油その他１気圧において**引火点が70度以上200度未満**のもの
- **第４石油類**：ギヤー油，シリンダー油その他１気圧において**引火点が200度以上250度未満**のもの
- **動植物油類**：動物の脂肉等又は植物の種子若しくは果肉から抽出したものであって，１気圧において**引火点が250度未満のもの**

うわ～，なんだこりゃ。

そう思うのも無理はないが……，ただ，この定義は，試験ではよく出題されているんだ。でも大丈夫！　出題されるポイントはだいたい決まっているので，そのポイントを覚えればいいだけなんだ。
なお，この部分については，巻末の模擬テストで問題演習をするので，そのつもりで。

2 指定数量ってなんだろう？ ★★

ヒロ君，先ほどの p. 18 にある表 2 の右端に指定数量っていう欄があるだろう？
この指定数量っていうのは，この数値以上の量の危険物を貯蔵したり，あるいは取り扱ったりすると，**消防法の規制**を受けますよ，という意味の数値なんだ。

なるほど。でも，その数値にも大きいものと小さいものがありますね。

そう。表でいうと，上から下へ行くほどだんだん大きくなっているのがわかると思うが，この数値が**小さい**ほど危険度は高くなるんだ。

先生，では，この数値より小さい場合はどうなるんですか？

うん。「指定数量未満」の場合ということだね。その場合は**市町村条例の規制**を受けるんだ。「品名」と，この「指定数量」を覚えることがとても重要なポイントなんだ。
従って，次のようなゴロ合わせなどを利用して必ず覚えてほしい。

こうして覚えよう **品名の順番** (⇒p. 18 表 2 の品名欄を参照)

遠	い	あ	に（兄）	さん	よ	どこ？
特殊	1石油	アルコール	2石油	3石油	4石油	動植物

こうして覚えよう **指定数量の数値**（⇒表2(p. 18)の指定数量欄を参照）

ゴ	ツイ	よ	銭湯
50（特殊）	200（1石油）	400（アルコール）	1000（2石油）

フ	ロ	満員
2000（3石油）	6000（4石油）	10000（動植物）

なお，第1〜第3の石油類は非水溶性の数値しか取り上げてませんが，水溶性の値は（表2（p. 18）に記してあるように）その2倍だと覚えて下さい（⇒第4類に共通する性質参照）。

先生，ではこの数値を覚えてどうするんですか？

計算をするんだよ。

たとえば，第1石油類と書いてあるところの「主な物品名」の欄にガソリンって書いてあるだろ？　このガソリンの指定数量は？

え〜っと……，指定数量の欄には200ℓと書いてあります。

そうだね。つまり，ガソリンの指定数量は**200ℓ**なので，仮にガソリンをその倍の400ℓ貯蔵するときは，400÷200=2より，「**ガソリンを指定数量の2倍貯蔵する**」という言い方をするんだ。

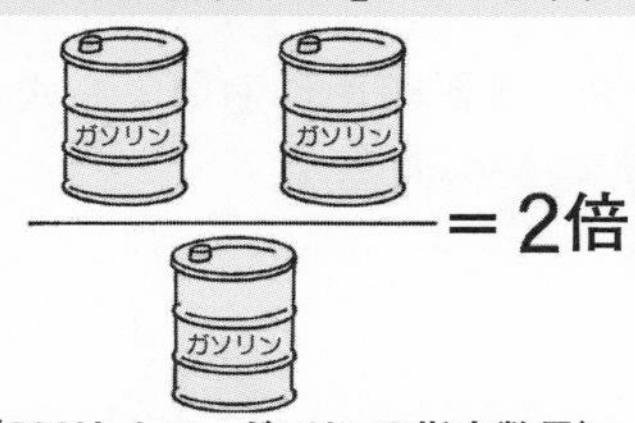

（200リットル=ガソリンの指定数量）

このように危険物が1種類のみの場合は，「貯蔵する量（⇒今回は400ℓ）」を「その危険物の指定数量（⇒ガソリンだから200ℓ）」で割って倍数を求めるんだ。

$$\text{指定数量の倍数} = \frac{\text{危険の貯蔵量}}{\text{危険物の指定数量}}$$

この倍数が**1以上**の場合，すなわち**指定数量以上**の場合に，p. 20の冒頭で説明したように**消防法**の規制を受けることになる。

なるほど……，では，危険物が2つ以上のときは，どうやって計算するんですか？

基本的に，危険物が1つのときと同じ計算をして足せばいいだけだ。たとえば，ガソリンと灯油を例にして説明しよう。
表2（p. 18）を見ると，指定数量はガソリンが**200 ℓ**，灯油が**1000 ℓ**になっている。

そこで，ガソリンを400 ℓ，灯油を2000 ℓ貯蔵するとしよう。

まず，ガソリンの倍数は「**貯蔵量÷指定数量**」より，

400÷ **200**＝2倍……

灯油の倍数は2000÷**1000**＝2倍……となる。

よって，両方とも2倍なので，指定数量の合計＝2+2=4倍となる。

意外と簡単ですね。

だろう？　では，ついでながら，次の例題をやってみよう！

【例題1】**法令上，同一の貯蔵所において，次の危険物を同時に貯蔵する場合，貯蔵量は指定数量の何倍か。**

A　ジエチルエーテル……………100 ℓ
B　ガソリン…………………………1000 ℓ
C　アセトン…………………………2000 ℓ
D　酢酸………………………………3000 ℓ
E　エタノール………………………2000 ℓ

(1)　10倍　　(2)　12.5倍　　(3)　14倍
(4)　15.5倍　　(5)　18.5倍

解説

この問題も，「**貯蔵量÷指定数量**」で計算するよ。さて，表2（p. 18）より，ジエチルエーテルの指定数量は **50 ℓ** だから，指定数量の倍数は 100÷**50**＝**2 倍**。同じく，ガソリンの指定数量は **200 ℓ** なので，1000÷**200**＝**5 倍**。アセトンは第1石油類の非水溶性のところにあるので，指定数量は **400 ℓ**。

よって，2000÷**400**＝**5 倍**。酢酸は第2石油類の水溶性のところにあるので，指定数量は **2000 ℓ**。よって，3000÷**2000**＝**1. 5 倍**。エタノールはアルコール類に入っているので，指定数量は **400 ℓ**。よって，2000÷**400**＝**5 倍**。

従って，指定数量の倍数の合計は，2＋5＋5＋1. 5＋5＝**18. 5 倍**となります。

【例題 2】 **法令上，メタノールを 200 ℓ 貯蔵している同一の場所に，次の危険物を貯蔵した場合，指定数量以上となるものはどれか。**

⑴　アセトアルデヒド……………20 ℓ
⑵　トルエン…………………………100 ℓ
⑶　ベンゼン…………………………80 ℓ
⑷　軽油………………………………400 ℓ
⑸　重油………………………………500 ℓ

解説

「指定数量以上」ということは，貯蔵している2つの危険物の指定数量を足したとき，**1. 0 以上**となる場合を指します。従って，メタノールの指定数量は **400 ℓ** なので，200 ℓ は **0. 5 倍**ということになり，あと指定数量が **0. 5 倍**となる危険物を貯蔵すれば，**指定数量以上**を貯蔵している，ということになります（従って，指定数量が **0. 5 倍以上**の危険物を探せばよい）。

⑴　アセトアルデヒド（特殊引火物）の指定数量は **50 ℓ** なので，20／50＝**0. 4** となり，×。
⑵　トルエン（ガソリンと同じく第1石油類の非水溶性）の指定数量は **200 ℓ** なので，100／200＝**0. 5** となり，これが正解です。
⑶　ベンゼン（ガソリンと同じく第1石油類の非水溶性）の指定数量は **200 ℓ** なので，80／200＝**0. 4** となり，×。
⑷　軽油（灯油と同じく第2石油類の非水溶性）の指定数量は **1000 ℓ** なので，400／1000＝**0. 4** となり，×。
⑸　重油（第3石油類の非水溶性）の指定数量は **2000 ℓ** なので，500／2000＝**0. 25** となり，×。

今回は，指定数量の倍数が1以上の問題だったけど，「指定数量の倍数の合計が10となるものはどれか」や「指定数量の倍数が**最も大きい**ものはどれか」というような出題もある。
しかし，基本は，その危険物の貯蔵量を指定数量で割って指定数量の倍数を求めて足していけばよいだけなので，そう難しくはないはずだ。

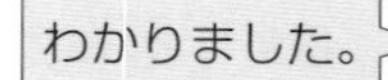

3 危険物を取り扱う施設（製造所等の区分）

製造所等というのは，次の表1から表3のように，**製造所**，**貯蔵所**，**取扱所**の3つのグループをまとめて言う場合に使う言葉で，その**製造所**には製造所**1つ**のみ，**貯蔵所**には**7つ**，**取扱所**には**4つ**の種類がある。
ここで注意しなければならないのは，危険物を貯蔵および取り扱う施設がすべて製造所等というのではなく，あくまでも「**指定数量以上**」の危険物を貯蔵および取り扱う施設を**製造所等**というので，注意してほしい。

指定数量未満を貯蔵および取り扱う施設は**製造所等**とは言わない！

表1

製造所	危険物を**製造する**施設

例題解答　2【例題1】(5)　【例題2】(2)

表 2

貯蔵所	①屋内貯蔵所	**屋内の場所**において危険物を貯蔵し，または取り扱う貯蔵所
	②屋外貯蔵所	**屋外の場所**において ①**第 2 類**の危険物のうち，**硫黄**と**引火性固体** （引火点が **0℃ 以上**のものに限る） ②**第 4 類**の危険物のうち，特殊引火物を除いたものを貯蔵し，または取り扱う貯蔵所 （注：第 1 石油類は引火点が **0℃ 以上**のものに限る→従って，ガソリンは貯蔵できない）
	③屋内タンク貯蔵所	**屋内にあるタンク**において危険物を貯蔵し，または取り扱う貯蔵所
	④屋外タンク貯蔵所	**屋外にあるタンク**において危険物を貯蔵し，または取り扱う貯蔵所
	⑤地下タンク貯蔵所	**地盤面下に埋設されているタンク**において危険物を貯蔵し，または取り扱う貯蔵所
	⑥簡易タンク貯蔵所	**簡易タンク**（600 ℓ 以下）において危険物を貯蔵し，または取り扱う貯蔵所
	⑦移動タンク貯蔵所	**車両に固定されたタンク**において危険物を貯蔵しまたは取り扱う貯蔵所（タンクローリーのこと）

表 3

<table>
<tr><td rowspan="4">取扱所</td><td>①販売取扱所</td><td>店舗において容器入りのままで販売するための危険物を取り扱う取扱所
〈重要〉<table><tr><td>第 1 種販売取扱所</td><td>指定数量の 15 倍以下</td></tr><tr><td>第 2 種販売取扱所</td><td>指定数量の 15 倍を超え 40 倍以下</td></tr></table></td></tr>
<tr><td>②給油取扱所
（ガソリンスタンド）</td><td>固定した給油施設によって自動車などの燃料タンクに直接給油するための危険物を取り扱う取扱所</td></tr>
<tr><td>③移送取扱所</td><td>配管およびポンプ，並びにこれらに付属する設備によって危険物の移送の取り扱いをする取扱所（⇒いわゆる石油のパイプラインが該当する）</td></tr>
<tr><td>④一般取扱所</td><td>給油取扱所，販売取扱所，移送取扱所以外の危険物の取り扱いをする取扱所（⇒病院や工場などにあるボイラー室などが該当する）</td></tr>
</table>

少し詳しく

③の移送取扱所（パイプライン）には，次のような変わった規定があり，出題例もあるので，できれば覚えておいてほしい。

「（移送取扱所は）**鉄道**および**道路の隧道内に設置してはならない**」

（注：隧道というのはトンネルのこと ⇒つまり，トンネル内には設置しないで！ということ）

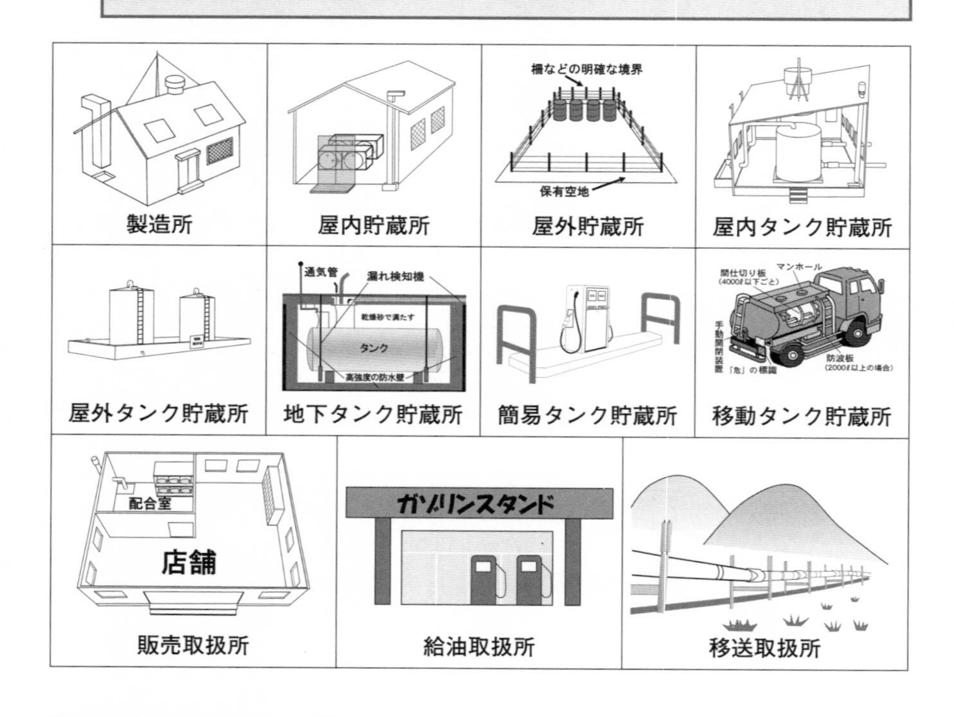

【例題 1】製造所等の区分の説明として，次のうち法令上誤っているものはどれか。

(1) 屋内貯蔵所……………屋内の場所において危険物を貯蔵し，または取り扱う貯蔵所

(2) 地下タンク貯蔵所……地盤面下に埋設されているタンクにおいて危険物を貯蔵し，または取り扱う貯蔵所

(3) 屋内タンク貯蔵所……屋内にあるタンクにおいて危険物を貯蔵し，または取り扱う貯蔵所

(4) 給油取扱所……………固定した給油施設によって自動車などの燃料タン

クに直接給油するための危険物を取り扱う取扱所
(5) 第2種販売取扱所……店舗において容器入りのままで販売するため指定数量の15倍以下の危険物を取り扱う取扱所

解説

販売取扱所の第2種は,「**15を超え40以下**」の危険物を取り扱う取扱所です。問題文の**15倍以下**というのは,第1種販売取扱所についての説明です。

【例題2】**法令上,製造所等の区分の一般的説明として,次のうち正しいものはどれか。**

(1) 移動タンク貯蔵所……鉄道の車両に固定されたタンクにおいて危険物を貯蔵し,または取り扱う貯蔵所
(2) 給油取扱所……………金属製ドラム等に給油するためにガソリンを取り扱う施設
(3) 製造所…………………ボイラーで重油等を消費する施設
(4) 屋外貯蔵所……………屋外の場所において第2類の危険物のうち,硫黄,硫黄のみを含有するもの若しくは引火性固体(引火点が0℃以上のものに限る)又は第4類の危険物のうち,第1石油類(引火点が0℃以上のものに限る),アルコール類,第2石油類,第3石油類,第4石油類若しくは動植物油類を貯蔵し,または取り扱う貯蔵所
(5) 一般取扱所……………配管およびポンプ,並びにこれらに付属する設備によって危険物の移送の取扱いをする取扱所

解説

(1) 移動タンク貯蔵所は,「鉄道の車両に固定されたタンク」ではなく,「**車両に固定されたタンク**」です。
(2) 給油取扱所は,**自動車等の燃料タンク**に給油する取扱所です。
(3) ボイラーで重油等を消費する施設は**一般取扱所**といいます。
(5) **移送取扱所**の説明になっています。

例題解答 3 【例題1】(5)　【例題2】(4)

第2章 製造所等における手続きを学ぼう！

1 製造所等の設置と変更 ★

製造所等を**設置**したり，または位置，構造及び設備を**変更**しようとする場合には，**市町村長等**に**許可**を受けなければならない。それから，設置や変更の工事を開始するんだが，その工事が終了すると，市町村長が行う**完成検査**を受け，それにパスをすると，**完成検査済証**というものが交付されるんだ。

先生，市町村長等には「等」が付いていますが，何か意味でもあるのですか？

この市町村長等というのは，これからもよく出てくるが，「**市町村長，都道府県知事，総務大臣**」をまとめて言った言葉なんだ。

それぞれの条件によって，その市町村長等が市町村長を表すこともあるし，都道府県知事を表すこともあるんだ。

なお，この許可の申請先なんだが，**消防本部**や**消防署**がある市町村なら**市町村長**に申請するが，なければ**都道府県知事**に申請すればいいんだ。

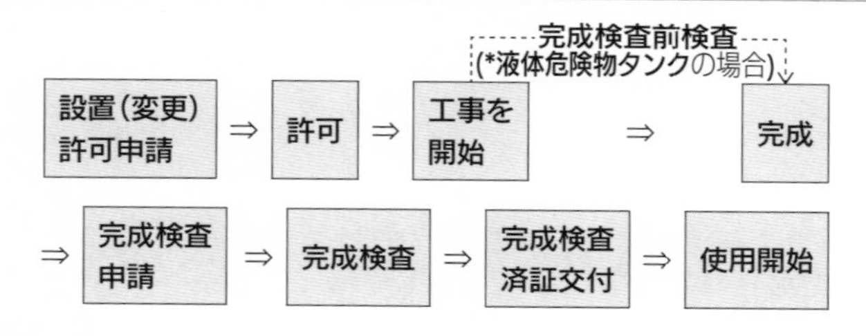

少し詳しく

＊**液体**の危険物を貯蔵または取り扱うタンクを**設置**したり，あるいは，その構造などを**変更**したりするときは，上の図のように完成検査を受ける前にタンクの漏れなどを検査する**完成検査前検査**を受ける必要があり，合格すると**完成検査前検査済証**が交付されます。

【例題1】**法令上，製造所等の設置等について，次のうち誤っているものを2つ選べ。**

A　製造所の保有空地を変更するため，市町村長等の許可を受けた。

B　すべての製造所等は，完成検査を受ける前に市町村長等が行う完成検査前検査を受けなければならない。

C　製造所の設置工事が完了し，市町村長等から完成検査済証の交付を受けたので，製造所を使用した。

D　市町村長等に製造所の変更の許可申請をしたので，申請と同時に変更の工事に着手した。

E　製造所を設置する際に，液体の危険物を貯蔵するタンクの完成検査前検査を行ったのち，完成検査の申請を行った。

(1)　AとB　　(2)　AとE　　(3)　BとD

(4)　BとE　　(5)　CとE

解説

A　変更する場合も市町村長等の**許可**が必要なので，正しい。

B　完成検査前検査はすべての製造所等に必要なのではなく，「**液体**の危険物を貯蔵または取り扱うタンクを設置または変更する場合」のみ，完成検査を受ける前に受ける必要があります（要するにタンクの完成検査前検査を行ってから全体の完成検査を受けます）。従って，誤りです。

C　完成検査済証の交付を受ければ製造所を使用することができるので，正しい。

D　変更の許可申請をしただけではだめで，**許可を受けてから**（許可書を受けてから）変更の工事に着手する必要があります。従って，誤りです。

E　Bで説明したように，液体の危険物を貯蔵するタンクの場合は，**完成検査前検査**を行ったのち，全体の完成検査の申請を行う必要があるので正しい。

2 仮貯蔵と仮使用 ★

(1) 仮貯蔵および仮取扱い

原則として，**指定数量以上**の危険物は製造所等**以外**の場所で貯蔵したり取り扱うことはできないことになっている。

ただし，「**消防長**又は**消防署長**」の**承認**を受けた場合は，**10 日以内**に限り「**指定数量以上**の危険物を製造所等**以外**の場所で貯蔵および取り扱うこと」ができるんだ。

仮貯蔵は誰が承認？

製造所等以外の場所

【例題 1】**次の文の（　）の A，B，C に当てはまるものとして，正しいものはどれか。**

「指定数量以上の危険物は，製造所等以外の場所で貯蔵又は取り扱ってはならない。ただし，(A) の (B) を受けて指定数量 (C) の危険物を (D) 以内の期間，仮貯蔵又は仮取扱いする場合はこの限りでない」

	A	B	C	D
(1)	都道府県知事	許可	未満	10 日
(2)	消防長，または消防署長	承認	以上	10 日
(3)	市町村長等	許可	未満	20 日
(4)	消防長，または消防署長	承認	以上	20 日
(5)	都道府県知事	許可	未満	30 日

解説

これは，先ほどの説明文を書き換えたような内容なので，難しくはなかったと思います。

例題解答 ■1 【例題 1】(3)

⑵ 仮使用

ヒロ君，1の製造所等の設置と変更(p. 28)で，製造所等を設置したり変更する場合は，**市町村長等の許可**が必要だ，と説明したね？

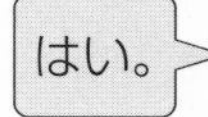

では，右の図を見てほしい。これは，「設置と変更」のうちの「**変更**」の工事を実際にしているのを表した図で，左はガソリンスタンドの給油設備を修理しているところなんだけど，右の洗車機は使用している状況を表しているんだ。

これは，本来は危険なので，工事が終わり，完成検査を受けるまでは洗車機のように工事以外の部分も使用できないのが原則なんだ。しかし，「**市町村長等の承認**」があれば，完成検査を受ける前であっても**工事以外の部分**も使用できるという仮使用という手続きがあり，それをしているから使用することが出来るんだ。

先生，1では，製造所等の設置と変更というように，「設置」もありましたが，設置工事の場合も出来るんですか？

それはだめだ。仮使用という手続きは，あくまでも「**変更工事**」のみの手続きなんだ。

なお，少し注意が必要なのは，今回は洗車機だけだったけど，洗車機以外の部分，つまり，**変更工事以外の全部**を仮に使用することも可能なんだ。

以上を試験的に少し難しく説明すると，次のようになる。

「**仮使用**とは，製造所等の位置，構造，又は設備を**変更する**場合に，変更工事に係る部分**以外**の部分の全部又は一部を，**市町村長等の承認**を得て**完成検査前に**仮に使用することをいう。」

この下線部がある，「変更工事に係る部分**以外**の部分」の「以外」が試験にはよく出るんだ。当然と言えば当然なんだが，前頁のイラストのように，変更工事をしている給油設備そのものを仮に使用するなんて危なくて出来ないからね。

仮使用⇒ 「変更」工事以外の部分を仮に使用

【例題 2】**法令上，製造所等の位置，構造又は設備の基準で，完成検査を受ける前に当該製造所等を仮使用するときの手続きとして，次のうち正しいものはどれか。**

(1) 市町村長等の承認を受ける前に，貯蔵し，または取り扱う危険物の品名数量又は指定数量の倍数を変更し，仮に使用する。

(2) 製造所等を変更する場合において，変更の工事が終了した部分ごとに，順次，市町村長等の承認を受け，仮に使用する。

(3) 製造所等を変更する場合において，変更の工事に係る部分以外の部分について，指定数量以上の危険物を 10 日以内の期間，仮に使用する。

(4) 製造所等を変更する場合において，変更の工事に係る部分以外の部分の全部又は一部の使用について，市町村長等の承認を受け，完成検査を受ける前に，仮に使用する。

(5) 製造所等の譲渡又は引渡しがある場合において，市町村長等の承認を受けずに，仮に使用する。

解説

この仮使用の問題では，「変更工事に係る部分以外の部分の全部又は一部の使用」と「市町村長等の承認」がポイントです。

(1) から (5) までチェックすると，(4) がそのままの文章なので，これが正解となります。

例題解答	**2** 【例題 1】(2)　【例題 2】(4)

3 製造所等で必要な届出←届出先はすべて市町村長等 ★★

まず，大事なのは，製造所等において，貯蔵し，又は取り扱う危険物の**品名**，**数量**または**指定数量の倍数**を変更する時，その変更しようとする日の**10日前**までに**市町村長等**へ届け出なければならない，ということだ。

危険物の**品名**，**数量**または**指定数量の倍数**を変更する時
⇒変更しようとする日の**10日前**までに**市町村長等**へ届け出なければならない。

先生，危険物の**数量**や**指定数量の倍数の変更**っていうのは何となくわかるのですが，品名の変更って，具体的にどのような時ですか？

うん，いい質問だ。

まず，p.18の表2にある品名の欄を見てほしいんだが，たとえば，貯蔵し，又は取り扱う危険物を第3石油類の重油から第2石油類の灯油に変更すると，品名が第3石油類から第2石油類に変わるので，「品名の変更」になる。

しかし，ガソリンからアセトンに変更した場合は，ガソリンが非水溶性，アセトンが水溶性という違いはあるが両方とも第1石油類という品名のグループに入っているので，この場合は「品名の変更」とはならない，ということなんだ。

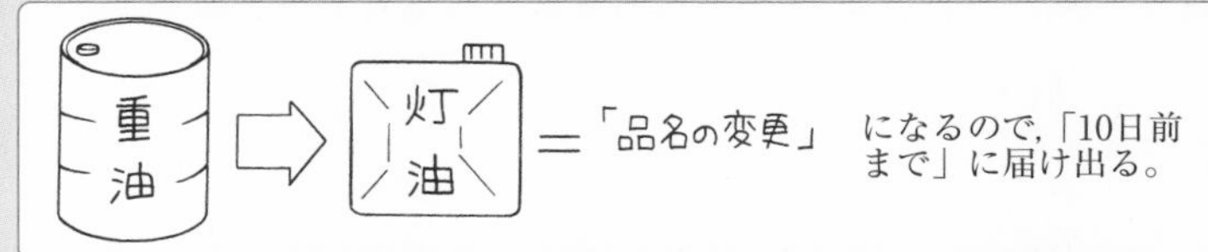

さて，製造所等で必要な届出には，この他に，次のような届出もあるんだが，これらはいずれも「**遅滞**（ちたい）**なく**」届け出なければならない。

「遅滞なく届け出る」というのは，遅れることなく期限の範囲内で届けなさい，という程度の意味で，あとから届け出る手続きになる。これに対して，先ほどの危険物の**数量**や**指定数量の倍数**の変更の場合は，「あらかじめ」届け出なければならない。つまり，変更する前に届け出なければならない。この違いに注意をしてほしい。

表

	届出が必要な場合	提出期限	届出先
1	製造所等の**譲渡**または**引き渡し**	**遅滞なく**	**市町村長等**
2	製造所等を**廃止する**時		
3	**危険物保安統括管理者**を選任，解任する時		
4	**危険物保安監督者**を選任，解任する時		

この表で注意が必要なのは，危険物保安統括管理者や危険物保安監督者の選任や解任（職務をやめさせること）する場合は届出が必要だが，**危険物施設保安員**を選任や解任しても届出は不要だ，ということ。

【例題 1】 **法令上，製造所等の所有者等があらかじめ市町村長等に届け出なければならないものとして，次のうち正しいものはどれか。**

(1) 製造所等の譲渡または引き渡しを受けるとき。

(2) 製造所等の用途を廃止するとき。

(3) 製造所等の位置，構造又は設備を変更しないで，危険物の品名，数量または指定数量の倍数を変更するとき。

(4) 危険物保安統括管理者を選任，解任するとき。

(5) 危険物保安監督者を選任，解任するとき。

解説

(3) 以外は，上の表を見てもわかるとおり，すべて**遅滞なく**届け出ればよいだけですが，(3) は，p. 33 ページの 重要 にあるとおり，あらかじめ変更する日の 10 日前までに届け出る必要があります。

例題解答 3【例題 1】(3)

第３章　危険物取扱者について学ぼう！

1 危険物取扱者 ★★

危険物取扱者には，**甲種**，**乙種**，**丙種**の３種類があり，取り扱える危険物や権限等は次のようになっている。

	取り扱える危険物の種類	資格がない人に立会(たちあ)いができる権限
甲種	全部（1～6 類）	○
乙種	免状に指定された類のみ	○
丙種	＊指定された危険物のみ	× （定期点検の立会いは OK）

こうして覚えよう **丙種が取り扱える危険物**

塀 が　重いよ～　動　け！　と　ジュンが言った。

丙種　ガソリン　重油　4石油　動植物　軽油　灯油　潤滑油

（注：第３石油類の引火点が130℃以上のものはゴロに入っていません。）

〔・ガソリン・灯油・軽油・第３石油類（重油，潤滑油と引火点が 130℃以上のもの）・第４石油類・動植物油類〕

先生，立会(たちあ)いって何ですか？

たとえば，ヒロ君が今から製造所等でガソリンを運んでくれ，と頼まれたらどうする？

危険物取扱者の資格がないので，断ります。

そうだね。しかし，誰か，ガソリンを取り扱える危険物取扱者の資格がある人が立会えば，ヒロ君でもガソリンを取り扱えるんだ。これが**立会い**だ。

ただ，危険物取扱者でも**丙種**しか資格の無い人は立会いができないんだ。

また，**甲種**危険物取扱者が立ち会えば**全ての危険物**が取り扱えるが，**乙種**危険物取扱者の場合，1類から6類まであるんだが，たとえば，乙種1類危険物取扱者が立会えば1類のみしか立会えないんだ。

つまり，「**その取扱者の免状に指定されている危険物の取扱いのみ**」しか立会いができない，ということ。
このあたり，注意が必要だよ。

少し詳しく

丙種には「危険物取扱い」の立会い権限はありませんが，「定期点検」の立会いは行うことができます。

【例題1】**法令上，危険物取扱者以外の者の危険物の取扱いについて，次のうち誤っているものはどれか。**

(1) 製造所等では，甲種危険物取扱者の立会いがあれば，すべての危険物を取り扱うことができる。

(2) 製造所等では，第1類の免状を有する乙種危険物取扱者の立会いがあっても，第2類の危険物の取扱いはできない。

(3) 製造所等では，丙種危険物取扱者の立会いがあっても，危険物を取り扱うことができない。
(4) 製造所等以外の場所では，危険物取扱者の立会いがなくても，指定数量未満の危険物を市町村条例に基づき取り扱うことができる。
(5) 製造所等では，危険物取扱者の立会いがなくても，指定数量未満であれば危険物を取り扱うことができる。

解説

(2) 立会いは，「**その取扱者の免状に指定されている危険物の取扱いのみ**」しかできないので，第2類の危険物の取扱いは，第2類の免状を有する乙種危険物取扱者の立会いが必要になります。よって，正しい。
(3) 丙種危険物取扱者には立会いの権限がないので，正しい。
(4)「製造所等以外の場所で指定数量未満の危険物を取り扱う」とは，たとえば，家庭において灯油を取り扱う場合などに相当し，これは当然許されているので，正しい。
(5) たとえ指定数量未満であっても，製造所等で危険物取扱者以外の者が危険物を取り扱う場合は，危険物取扱者の立会いが必要なので，誤りです。

【例題2】**製造所等において，丙種危険物取扱者が取り扱うことができる危険物として，規則に定められていないものはどれか。**
(1) 重油
(2) 第3石油類の潤滑油
(3) 固形アルコール
(4) 第3石油類のうち，引火点が130℃ 以上のもの
(5) 第4石油類のすべて

解説

p. 35 の **こうして覚えよう** より，(3) の固形アルコールが含まれていないので，(3) が正解です。

2 免状の交付，書換え，再交付

ヒロ君，君がもし，危険物取扱者試験に合格したらどうする？

え〜っと……，免状の交付を**受験地**の**都道府県知事**に申請します。

うん，そうだね。ところで，その送られてきた免状は，その隣の県でも使えると思うかな？

使えると思います。そうでないと，タンクローリーで危険物を運んでいても隣の県に入った途端，免状が使えないとなったら仕事ができないですからね。

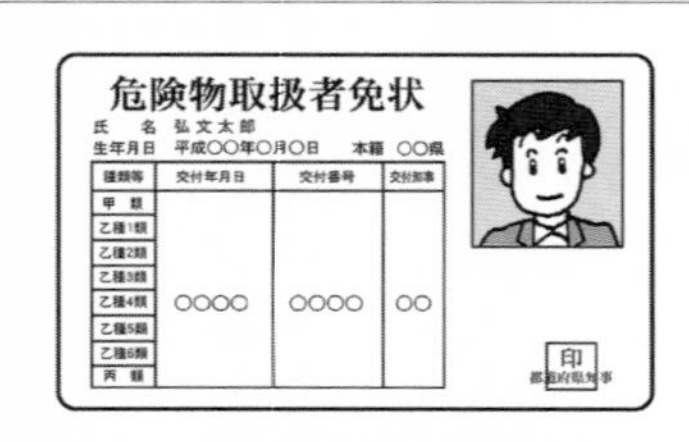

その通り！まとめると，免状は受験地の都道府県知事が交付し，また，免状は全国で有効！ということだ。

さて，この免状に関しては，その他に，「**書換え**」と「**再交付**」という手続きが重要で，試験でもよく出題されているんだ。

書換えは，**氏名**や**本籍地**及び写真が撮影から **10 年**経過したときに申請し，**再交付**は，免状を亡くした場合などに申請するんだが，ポイントはその**申請先**だ。次の表にあるように申請先が違うので，ゴロ合わせなどを利用するなどして確実に覚えることが重要だ。

表

手続き	内　容	申　請　先
交付	危険物取扱者試験の合格者に交付	試験を行った知事
書換え	① **氏名**が変更した場合 ② **本籍地（都道府県）**が変更した場合 ③ 免状の写真が **10 年**経過した場合	免状を**交付**した知事 **居住地**の知事 **勤務地**の知事
再交付	免状を「**忘失**，**滅失**，**汚損**，**破損**」した場合 （忘失，滅失はなくすこと，汚損は汚れる，破損はこわれること）	免状を**交付**した知事 免状を**書換えた**知事

なお，再交付を受けた後に亡くした免状を発見した場合は，「**10 日以内**」に再交付をした都道府県知事に提出しなければならない。この場合は，義務なので，注意が必要だ。

例題解答　**1**【例題 1】(5)　【例題 2】(3)

こうして覚えよう　免状の書換えと免状の再交布の申請先

書換えの　近　況　は　最高　かぇ？
書換え　⇒勤務地　居住地　　再交布 ⇒　書換えをした知事

なお，その後，両方に共通する「免状を交付した知事」も申請先に入ります。

少し詳しく

● 試験に合格しても都道府県知事が免状の交付を行わない場合

① 都道府県**知事**から危険物取扱者免状の**返納**を命じられ，その日から起算して**1年**を経過しない者。

② 消防法または消防法に基づく命令の規定に違反して**罰金以上の刑**に処せられた者で，その執行を終わり，または執行を受けることがなくなった日から起算して**2年**を経過しない者。

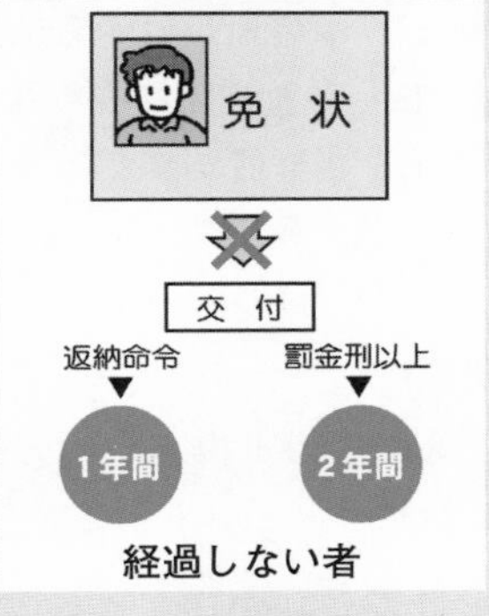

【例題1】**法令上，免状について，次のうち誤っているものはどれか。**

(1) 免状の交付を受けている者が免状の記載事項に変更を生じたときは，免状を交付した都道府県知事又は居住地若しくは勤務地を管轄する都道府県知事に書換えを申請しなければならない。

(2) 免状の交付を受けている者が免状を亡失又は破損等した場合は免状の交付又は書換えをした都道府県知事にその再交付を申請することができる。

(3) 免状の返納を命じられた者は，その日から起算して1年を経過しないと免状の交付を受けられない

(4) 免状を亡失したときは再交付申請を，また，汚損したときは書換え申請を行わなければならない。

(5) 免伏を亡失してその再交付を受けた者が亡失した免状を発見した場合は，これを10日以内に免伏の再交付を受けた都道府県知事に提出しなければならない。

解説

⑴は免状の書換え，⑵は免状の再交付申請なので，正しい。

⑶は **少し詳しく** より，正しい。

⑷は，ひっかけ問題です。後半の免状を汚損したときも**再交付**申請になります。

【例題 2】 **次のうち，免状の書換えが必要な場合はどれか。**

A　勤務先の住所が変わったとき。

B　免状の写真が撮影後 10 年以上経過している場合。

C　本籍地が属する都道府県が変わったとき。

D　氏名が変わったとき。

E　現住所が変わったとき。

⑴　A，B　　⑵　A，B，E　　⑶　B，C，D

⑷　C，D　　⑸　C，D，E

解説

p. 38 の表の書換えの内容欄内にある①～③に該当するのは，B と C と D になります。

3 保安講習 ★★

ヒロ君，少し前に「製造所等」の意味を説明したね？その意味は何だったかな？

え～っと……，**指定数量以上**の危険物を貯蔵し，または取り扱う危険物施設でしたっけ？

そうだ。その通り。

その製造所等で危険物取扱者の免状所持者が危険物の取扱作業に従事しはじめると，定期的に**保安講習**という講習を受講しなければならないんだ。

従って，**指定数量未満**の施設で危険物の取扱作業に従事する者には受講義務がない，というのを頭に入れておいてほしい。

さて，この講習で最も重要となるのが，「**受講義務がある者と無い者の違い**」と「**受講期間の計算**」だ。それをまずは，確認していこう。

例題解答　2【例題 1】⑷　【例題 2】⑶

(1) 受講義務のある者

まずは，大原則として，次のａとｂが合体したときに受講義務が生じる。

ａ　危険物取扱者の資格のある者

ｂ　危険物の取扱作業に**従事している**

受講義務のある者

・「危険物取扱者の**資格のある者**」が
「危険物の取扱作業に**従事している**」場合

従って，次のように，ａかｂのうち，どちらかが×であれば受講しなくていいんだ。

・ａが×⇒危険物取扱者の**資格のない者**が「危険物の取扱作業に**従事している**」場合（⇒下の図の右）

・ｂが×⇒「危険物取扱者の**資格のある者**」でも危険物の取扱作業に**従事していない**場合（⇒下の図の左）

さて，この他にも，次の者にも受講義務がないので，覚えておいてほしい。

〈覚えておこう！受講義務がない者〉

① **指定数量未満**の施設で危険物の取扱作業に従事する者

② 消防法令に**違反**した者

③ 危険物を車両で運搬する危険物取扱者

④ **危険物保安統括管理者，危険物施設保安員で免状を有しない者**

受講義務のない人

先生，④に危険物保安監督者が入っていないのは，なぜですか？

それは，あとで学ぶけど，**危険物保安監督者**は危険物取扱者の免状を持っているからなんだ。

(2) 受講期間

この受講期間の計算は，少しややこしいけど，まず，次の原則を覚えることが大切だ。

「**講習を受けた日以後における最初の4月1日から3年以内ごとに受講する**」⇒たとえば，令和4年の3月1日に受講をしたら，「以後における最初の4月1日」は1か月後の4月1日に当たる。それから3年以内なので，令和7年の4月1日の前日，3月31日までに受講しなさい，ということ。

以上は，継続して危険物の取扱作業に従事している場合だ。

問題は，危険物の取扱作業に従事するタイミングを計算に入れる場合だ。

① 危険物の取扱作業に従事していなかった危険物取扱者が新たに従事する場合

⇒ 従事し始めた日から**1年**以内に講習を受講する。

② ただし，その従事し始めた日から過去**2年**以内に「免状の交付」か「講習」を受けた場合

⇒ その**交付や受講日以後における最初の4月1日から3年以内**に受講する。

〈受講期間のポイント〉

① 従事から**1年以内**，その後，受講日以降の4月1日から**3年以内**

② 過去**2年以内**に免状交付か講習を受講⇒その日以降の4月1日から**3年以内**に受講

先生，さっぱりわかりませ〜ん。

だろうな（笑）でも，心配は要らないよ。
(少し言いにくいけど)「もう無理！」って判断したら，思い切ってここをスルーしても他で点数を取れば合格は可能だからね。そのあたりは，自分で判断してほしい。でも，一応，説明はしとくよ（笑）

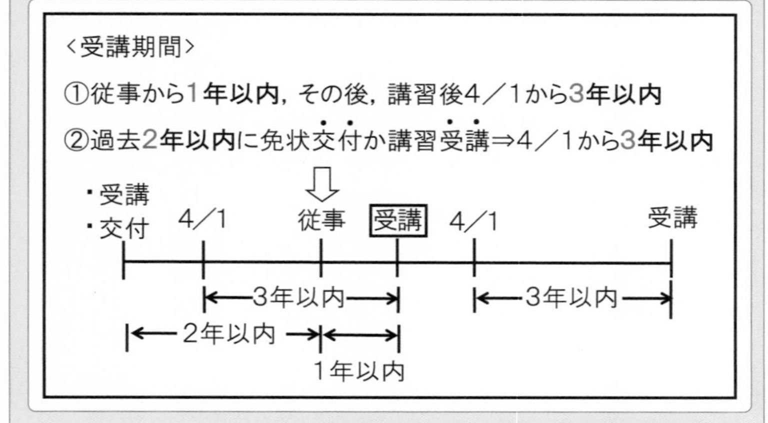

まずは，p. 42の図を見てほしい。この図は今までの説明を図にしたものだが，たとえば，「3年前に免状の交付を受けたが，製造所等において危険物の取扱作業に従事していない者が新たに危険物の取扱作業に従事する場合」この場合は，前ページの②のような条件は入ってないので，①に該当し，図の「従事」を見る。すると，受講まで「1年以内」と書いてあるので，「従事から1年以内に受講する」となる。

【例題1】危険物の取扱作業の保安に関する講習（以下，「講習」という）について，次のうち誤っているものはどれか。

(1) 製造所等で危険物の取扱作業に従事している危険物取扱者は，受講の対象者となる。

(2) すべての危険物保安監督者は，受講しなければならない。

(3) 受講義務のある危険物取扱者が受講しなければならない場合に受講しなかった時は，免状を交付した都道府県知事から免状の返納を命ぜられることがある。

(4) 講習は免状の交付を受けた都道府県だけでなく，どこの都道府県で行う講習でも受講することが可能である。

(5) 受講義務のある危険物取扱者のうち，甲種及び乙種危険物取扱者は3年に1回，丙種危険物取扱者は5年に1回，それぞれ受講しなければならない。

解説

(1) 受講の大原則です。

(2) 危険物保安監督者は，製造所等で危険物取扱いの実務経験のある危険物取扱者（甲種または乙種）から選ぶので，受講の対象者となります。

(5) 甲種，乙種，丙種とも，受講の条件は同じなので誤りです。

【例題2】法令上，危険物の取扱作業の保安に関する講習（以下「講習」という。）に関する記述として，次のうち正しいものはどれか。

(1) 甲種危険物取扱者は，製造所等において危険物の取扱作業に従事しているか否かにかかわらず，講習を受けなければならない。

(2) 危険物の取扱作業に従事していなかった危険物取扱者が，新たに危険物の取扱作業に従事する場合は，従事することとなった日から3年以内に講習を受けなければない。

⑶　法令に違反した危険物取扱者は，違反内容により講習の受講を命ぜられることがある。

⑷　3年前に免状の交付を受け，その後，製造所等において危険物の取扱作業に従事せず，新たに危険物の取扱作業に従事することとなった場合，その日から1年以内に講習を受けなければならない。

⑸　製造所等において，危険物施設保安員に選任されている者は，所定の期間内に講習を受けなければならない。

解説

⑴　甲種危険物取扱者であっても，製造所等において危険物の取扱作業に従事していなければ受講義務はありません。

⑵　p. 42の①に該当するので，原則として，従事し始めた日から**1年**以内に受講しなければなりません。

⑶　講習は，法令に違反した危険物取扱者が受講するものではありません。

⑷　p. 42の②の「従事し始めた日から過去**2年**以内に「免状の交付」か「講習」を受けた場合」に該当しないので，①の「従事し始めた日から**1年**以内に講習を受講する。」に該当します。よって，正しい。

⑸　危険物施設保安員であっても，危険物取扱者の免状を有していない者に，受講義務はありません。

4 危険物保安監督者 ★★

危険物保安監督者という名前からだいたい想像がつくと思うが，危険物の取扱作業の監督をする人で，製造所等の**所有者等**が定めて**市町村長等**に届け出るんだ。（**解任**した時も届け出る）

先生，誰でもなれるんですか？

いやいや，危険物保安監督者に選任できる人は次の条件に当てはまる人だよ。

例題解答　3【例題1】⑸　【例題2】⑷

重要1

「**甲種**または**乙種**危険物取扱者」で，
製造所等において「危険物取扱いの実務経験が**6ヶ月以上**ある者」
（**乙種**は免状に指定された類のみの保安監督者にしかなれず，また，
丙種危険物取扱者は保安監督者になれない。）

上の「**重要**」の下，カッコで説明しているのは，たとえば，第1類だけ取り扱える乙種第1類危険物取扱者は，第1類のみの危険物保安監督者にしか選任できないってことだ。

さて，この危険物保安監督者だけど，すべての製造所等で選任しなければならない，というわけではなく，その製造所等で扱う危険物の品名や指定数量の倍数によって細かく決められているところもあり，複雑な部分もある。

しかし，次の製造所等には，その危険物の**品名**や**指定数量の倍数**にかかわりなく必ず定めなければならないんだ。

重要2

〈危険物の**品名**，**指定数量の倍数**にかかわりなく定めなければならない製造所等〉

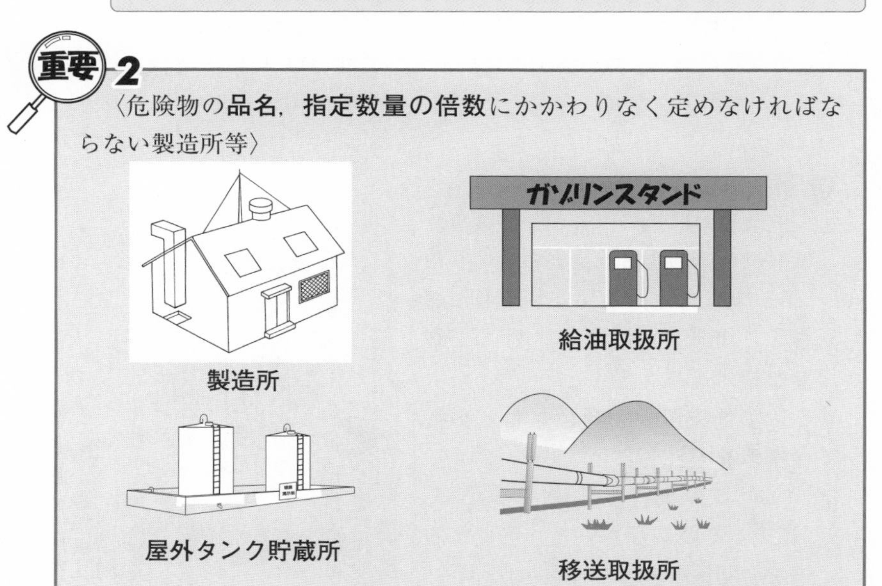

2 の覚え方

監督は　外のタンクに　誠　意をこめて　給油した

屋外タンク　製造所　移送取扱所　給油

また，逆に，次の移動タンク貯蔵所には，選任する必要はないんだ。

3

〈危険物の**品名**，**指定数量の倍数**にかかわりなく定めなくてもよい製造所等〉

移動タンク貯蔵所

以上が危険物保安監督者での重要ポイントだが，その次あたりに重要なのが，危険物保安監督者の仕事（**業務内容**）だ。

一応，業務内容のうちのポイント部分だけ載せておくので，とりあえず目を通しておいてほしい。

〈危険物保安監督者の業務内容〉

① 危険物の取扱い作業が「貯蔵または取扱いに関する技術上の基準」や「予防規程に定める保安基準」に適合するように，**作業者**に対して**必要な指示を与える**こと。

② **危険物施設保安員**に対して**必要な指示を与える**こと。

③ 火災等の災害を防止するため，「隣接する**製造所等**」や「関連する施設の**関係者**」との連絡を保つ。

④ 火災などの災害が発生した場合は，

・**作業者**を指揮して**応急の措置を講じる**，とともに

・直ちに**消防機関等へ連絡**する。

なお，危険物施設保安員を置かなくてもよい製造所等の場合，危険物保安監督者が**危険物施設保安員の業務**を行うことになっている。

【例題 1】危険物保安監督者に関する次の文の(A)～(C)に当てはまる語句の組合せとして，消防法令上，正しいものはどれか。

「政令で定める製造所等の所有者等は，甲種または(A)危険物取扱者で，危険物取扱いの実務経験が(B)以上ある者から危険物保安監督者を選任し，その者が取り扱うことができる危険物の取扱作業について保安の監督をさせなければならない。また，製造所等の所有者等は，危険物保安監督者を選任したときはこれを(C)に届け出なければならない。」

	(A)	(B)	(C)
(1)	丙種	1ヶ月	市町村長等
(2)	乙種	3ヶ月	所轄消防署長
(3)	丙種	3ヶ月	市町村長等
(4)	乙種	6ヶ月	市町村長等
(5)	乙種	6ヶ月	所轄消防署長

解説

p. 45の重要**1**より，正解は，次のようになります。

「政令で定める製造所等の所有者等は，甲種または（**乙種**）危険物取扱者で，危険物取扱いの実務経験が（**6ヶ月**）以上ある者から危険物保安監督者を選任し，その者が取り扱うことができる危険物の取扱作業について保安の監督をさせなければならない。また，製造所等の所有者等は，危険物保安監督者を選任したときはこれを（**市町村長等**）に届け出なければならない。」

【例題 2】法令上，危険物の品名，指定数量の倍数にかかわりなく危険物保安監督者を定めなければならない製造所等として，次のうち誤っているものはどれか。

(1) 製造所
(2) 給油取扱所
(3) 移送取扱所
(4) 屋外タンク貯蔵所
(5) 移動タンク貯蔵所

解説

p. 46の重要**3**より，移動タンク貯蔵所には，危険物の品名，指定数量の倍数にかかわりなく危険物保安監督者を定める必要はありません。

【例題 3】**法令上，危険物保安監督者の業務等について，次のうち誤っているものはどれか。**

(1) 危険物施設保安員をおく製造所等にあっては，危険物施設保安員に必要な指示を与えること。

(2) 危険物施設保安員を置く必要がない製造所等にあっては，規則で定める危険物施設保安員の業務を行わなければならない。

(3) 火災等の災害防止に関し，当該製造所等その他関連する施設の関係者との間に連絡を保つこと。

(4) 製造所等の位置，構造又は設備の変更，その他法に定める諸手続きに関する業務を行うこと。

(5) 火災等の災害が発生した場合は，作業者（作業に立ち会う危険物取扱者を含む。）を指揮して応急の措置を講ずるとともに，直ちに消防機関その他関係のある者に連絡すること。

解説

(1) 本試験では，「危険物施設保安員をおく製造所等にあっては，危険物施設保安員の指示に従って保安の監督をしなければならない。」という逆の出題例があるので，注意してください（当然×）。

(4) 危険物保安監督者の業務に，このような業務は含まれていません。

5 危険物施設保安員と危険物保安統括（とうかつ）管理者

まず，**危険物施設保安員**というのは，危険物保安監督者の下（もと）で保安のための業務を行う者のことをいうんだ。

一方，**危険物保安統括管理者**というのは，逆に危険物保安監督者の上の立場に立つ人で，大量の第 4 類危険物を取り扱う事業所においては，危険物の保安に関する業務を統括（とうかつ）して管理する者を選任しなければならず，それがこの危険物保安統括管理者ということになる。

つまり，立場的には，危険物保安統括管理者⇒危険物保安監督者⇒危険物施設保安員　という順になる。

この両者なんだが，共通する部分と異なる部分は次のようになる。

例題解答 4 【例題 1】(4)　【例題 2】(5)　【例題 3】(4)

共通する部分…危険物施設保安員と危険物保安統括管理者

・ともに**資格は要らない**（⇒危険物取扱者の免状は不要ということ）。

・（一定の）製造所等の**所有者**等が定めなければならない。

異なる部分

・**危険物保安統括管理者**は，選任，解任とも遅滞なく**届け出が必要**だが，**危険物施設保安員**を選任，解任しても**届け出は要らない**。

先生，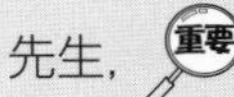1にある「一定の製造所等」って何ですか？

うん。選任が必要な製造所等は，指定数量によって決められており，出題頻度から「重要」では省略しているんだが，一応次のページの下に危険物施設保安員だけ参考資料として載せておくね。

さて，次にポイントとなるのは，次の危険物施設保安員の仕事内容，つまり，業務内容だ。

これについては，本文では省略しているが，例題に出ている業務内容程度は，例題を解答することで慣れておいてほしい。

わかりました。

【例題 1】**法令上，危険物施設保安員及び危険物保安統括管理者の選任について，次のうち誤っているものはどれか。**

(1) 危険物施設保安員は，危険物取扱者でなくてもよい。

(2) 危険物保安統括管理者は，危険物取扱者でなくてもよい。

(3) 危険物施設保安員は，製造所等において6か月以上の危険物取扱いの実務経験が必要である。

(4) 危険物保安統括管理者は，製造所等での危険物取扱いの実務経験は必要としない。

(5) 製造所等の所有者等は，危険物保安統括管理者を定めた場合，市町村長等に遅滞なく届け出なければならない。

解説

(1), (2) は 重要1 より，正しい。

(3) 危険物施設保安員には，資格も実務経験も不要です。

【例題 2】 **法令上，危険物施設保安員の業務に該当していないものは，次のうちどれか。**

A 製造所等の計測装置，制御装置，安全装置等の機能が適正に保持されるようにこれを保安管理すること。

B 製造所等の構造及び設備に異常を発見した場合は，危険物保安監督者その他関係の有る者に連絡するとともに状況を判断して適当な措置を講ずること。

C 火災が発生したとき，またはその危険性が著しいときは，危険物保安監督者と協力して，応急の措置を講じること。

D 製造所等の構造及び設備を技術上の基準に適合するように維持するため，定期及び臨時の点検を行うこと。

E 危険物保安統括管理者又は危険物保安監督者が，旅行，疾病その他の事故によって職務を行うことができない場合には，それを代行させること。

F 製造所等における危険物の取扱作業の実施に際し，危険物取扱者に保安上必要な指示を与えること。

(1) A と B　(2) A と E　(3) B と C
(4) C と D　(5) E と F

解説

A から D は危険物施設保安員の業務になります。

E 危険物施設保安員にこのような業務は含まれていません。

F 作業者（または危険物施設保安員）に対して必要な指示を与えるのは**危険物保安監督者**の業務です。

（参考資料）危険物施設保安員の選任が必要な指定数量の倍数

製造所 一般取扱所	100 以上
移送取扱所	全て

例題解答 5【例題 1】(3)　【例題 2】(5)

第４章　危険の予防と点検

1 予防規程 認可 ★★

この予防規程と定期点検はセットとして扱われることが多いが，おおむね予防規程が２に対して定期点検が８くらいの出題頻度なんだ。

従って，そのつもりで目を通していってほしい。

さて，この予防規程だが，**製造所等の所有者等**が火災を予防するために定めるもので，**定めたとき**と内容を**変更するとき**は**市町村長等の認可**が必要になる（ここ重要だよ！）

また，予防規程はすべての製造所等に必要というわけではなく，指定数量の倍数などにより必要となる製造所等が決められている（⇒ p. 52 の 少し詳しく を参照）。

ただ，**給油取扱所**と**移送取扱所**では，指定数量に関係なく必ず定めなければならない。

こうして覚えよう

指定数量に関係なく必ず定める施設

予防注射は	**急に**	**痛そう**
予防規程	給油取扱所	移送取扱所

● **給油取扱所と移送取扱所**

少し詳しく (注：この倍数は次の定期点検も同じ)

次の製造所等は，下記の指定数量以上の場合に予防規程を定める。

・製造所，一般取扱所……**10 倍**以上

・屋外貯蔵所………………**100 倍**以上

・屋内貯蔵所………………**150 倍**以上

・屋外タンク貯蔵所………**200 倍**以上

「タンク」が付くと2倍になる！

(ゴロ合わせは，p.61 の「**せい**(製造) **いっぱい**(一般) **外**(屋外)**と** **内**(屋内) **で**ガイダンス(屋外タンク) する」と同じ！)

この少し詳しくの製造所等なんだが，倍数は後回しにしてもいいから，とりあえず，この5つの製造所等は，p. 59 の①「保安距離が必要な製造所等」と同じなので，そのゴロ合わせなどを利用するなどして，できるだけ覚えるようにしてほしい。

わかりました！

【例題 1】**法令上，次のA〜Eのうち，指定数量の倍数により予防規程を定めなければならないものはどれか。**

A 屋外貯蔵所

B 給油取扱所

C 屋内貯蔵所

D 製造所

E 屋内タンク貯蔵所

(1) A，B (2) A，C，D (3) B，C，E

(4) C，D (5) C，D，E

解説

この場合，「指定数量の倍数により」という条件が付いているので，指定数量に関係なく定めなければならない**給油取扱所**と**移送取扱所**は除きます。
従って，p. 52 にある 少し詳しく にあるのがその条件に該当するので，A の屋外貯蔵所，C の屋内貯蔵所，D の製造所が該当します（その他は，屋外タンク貯蔵所と一般取扱所）。

【例題 2】**法令上，製造所等において定めなければならない予防規程について，次のうち誤っているものはどれか。**

(1) 予防規程を定める場合及び変更する場合は，市町村長等の認可を受けなければならない。
(2) 予防規程は，当該製造所等の危険物保安監督者が作成し，認可を受けなければならない。
(3) 予防規程に関して，火災予防のため必要があるときは，市町村長等から変更を命ぜられることがある。
(4) 予防規程には，地震発生時における施設及び設備に対する点検，応急措置等に関することを定めなければならない。
(5) 予防規程には，災害その他の非常の場合に取るべき措置に関することを定めなければならない。

解説

予防規程は，**製造所等の所有者等**が作成して市町村長等の認可を受ける必要があります（p. 51 のイラスト参照）。

2 定期点検 ★★

ヒロ君，製造所等を点検する場合，ポイントは何だと思う？

え〜っと……，**誰が**，**どこに**対して，**いつ**行うか？　ではないですか？

正解！　そう，その 3 つがポイントだ。
では早速，その 3 つを順番に説明していこう。
まず，誰が行うか，だが，次のようになる。

重要 1

点検を行う人

① **危険物取扱者（甲種，乙種，丙種）**

② **危険物施設保安員**

③ **危険物取扱者の立会い**を受けた人

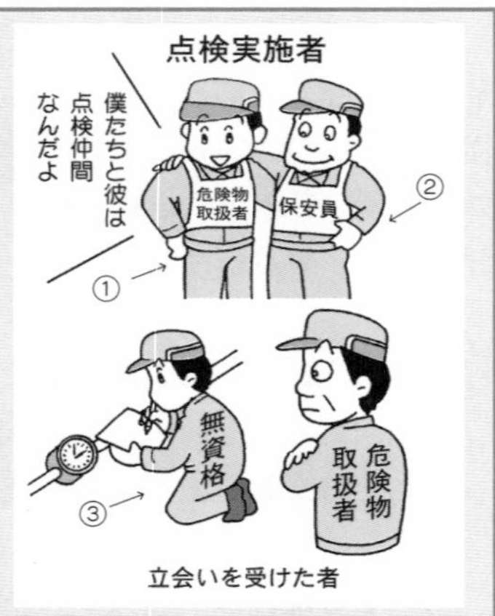

先生，③の立会いなんですが，

確か，p. 35 の危険物を取り扱うときにも立会いがあり，そのときは，丙種危険物取扱者は立会いができないって習いましたが，③の立会いにはそれが書いてないですね。

そうなんだ。この「**丙種も立会いができる**」というところがこの定期点検の大きな特徴なんだ。

なお，**危険物施設保安員には立会いをする権限はない**ので，注意が必要だ。

さて，次は「どこに対して」だが，まずは，次の「**指定数量の倍数にかかわらず定期点検を実施しなくてもよい製造所**等」を覚えてほしい。

重要 2

指定数量の倍数にかかわらず定期点検を実施しなくてもよい製造所等

・**屋内タンク貯蔵所，販売取扱所，簡易タンク貯蔵所**

こうして覚えよう

うちの田んぼにある　ハ　カは点検不要

（うちの＝屋内　田ん＝タンク　ハ＝販売　カ＝簡易）

例題解答　❶【例題 1】(2)　【例題 2】(2)

次に，今度は，次の「**指定数量に関係なく必ず定期点検を実施しなければならない製造所等**」を覚えてほしい。

重要3

必ず定期点検を実施する製造所等
- **地下タンクを有する施設***
- **移動タンク貯蔵所**
- **移送取扱所**（一部例外あり）

（*地下タンク貯蔵所，給油取扱所，製造所，一般取扱所）

こうして覚えよう

定期点検が必要な施設

地下タンクに　**一**　**休**　**先生**
地下タンク　移送　給油　製造所

が　**いっぱい**　**居た！**
一般　移動タンク

【例題（○×問題）】**「定期点検を行わなければならない移動タンク貯蔵所は，タンク容量が 10000 ℓ 以上のものである。」**

解説

移動タンク貯蔵所は，重要3より，指定数量に関係なく定期点検を実施しなければならない製造所等であり，その際，タンク容量は関係がないので，誤りです。

（答）×

この「地下タンクを有する施設」だが，地下にタンクがあれば，当然，普段，目で見て点検することができないので，指定数量に関係なく定期点検の対象となっているんだ。

その施設というのが重要3にある6つの施設というわけだ。

なお，次の少し詳しくにある「**指定数量の倍数によっては定期点検を実施する製造所等**」だけは，予防規程のときと同じく，ゴロ合わせを利用するなどして，できれば覚えてほしい。

少し詳しく　(注：この施設と倍数は前の予防規程と同じ)

次の製造所等は，下記の指定数量以上の場合に定期点検を実施する。

- **製**造所，一般取扱所　……**10 倍**以上
- 屋**外**貯蔵所　…………………**100 倍**以上
- 屋**内**貯蔵所　…………………**150 倍**以上
- 屋**外タンク**貯蔵所　………**200 倍**以上

(ゴロ合わせは，p. 61「**せい**(製造)　**いっぱい**(一般)　**外**(屋外)**と**　**内**(屋内)　**でガイダンス**(屋外タンク)**する**」と同じ！)

先生！製造所は，重要 **3** の「指定数量に関係なく定期点検を実施しなければならない製造所等」にもあるし，この少し詳しくの「指定数量が 10 倍以上の場合に実施する施設」にもありますよね？

ああ，それは，地下タンクがあれば「指定数量に関係なく実施しなければならない」ということであり，地下タンクがなければ，「指定数量が 10 倍以上の場合に実施する」ということなんだ。

ああ，なるほど。よく，わかりました！

さて，次は「いつ行うか」だが，次のようになっている。

重要 4

- **1 年に 1 回以上**行い，記録は **3 年間**保存する。

なお，タンクやその配管は地下にある以上，漏れているかどうかのチェックが大切なんだ。その関係で，「**タンクの漏れの点検**」というのがよく出題されているので，もし，余裕があれば，次も目を通しておいてほしい（問題は模擬テスト 2 にあります)。

少し詳しく

地下貯蔵タンク，地下埋設配管の漏れの点検

① 点検の実施者

「点検の方法に関する**知識**及び**技能**を有する」**危険物取扱者**と**危険物施設保安員**が行う。

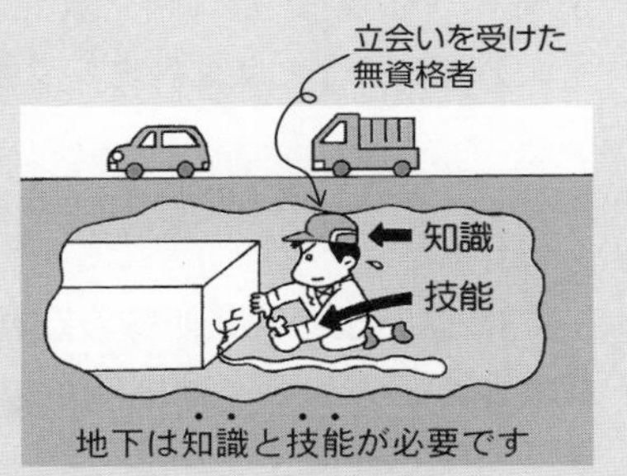

なお，危険物取扱者の立会を受けた場合は，危険物取扱者以外の者が**漏れの点検方法**に関する**知識**及び**技能**を有していれば点検を行うことができる。

② 点検の回数と記録の保存

完成検査済証の交付を受けた日，または前回の点検を行った日から**1年**を超えない日までの間に1回以上行い，記録は，**3年間**保存する。

【例題1】**法令上，指定数量の倍数にかかわらず定期点検が義務づけられている製造所等として，次のうち誤っているものはどれか。**

(1) 移動タンク貯蔵所　　(2) 地下タンク貯蔵所

(3) 地下タンクを有する製造所　　(4) 屋外タンク貯蔵所

(5) 地下タンクを有する給油取扱所

解説

指定数量に関係なく定期点検を実施しなければならない製造所等は，p. 55 重要 ***3*** より**移動タンク貯蔵所，移送取扱所，地下タンク貯蔵所，地下タンクを有する製造所，地下タンクを有する給油取扱所，地下タンクを有する一般取扱所**なので，(4)の屋外タンク貯蔵所が含まれていません。

【例題2】**法令上，指定数量の倍数にかかわらず定期点検が義務づけられていない製造所等として，次のうち誤っているものはどれか。**

(1) 屋内タンク貯蔵所　　(2) 屋内貯蔵所

(3) 第1種販売取扱所　　(4) 簡易タンク貯蔵所

(5) 第2種販売取扱所

解説

p. 54 の 重要 **2** より，「指定数量の倍数にかかわらず定期点検を実施しなくてもよい製造所等」は**屋内タンク貯蔵所，販売取扱所，簡易タンク貯蔵所**になります。

従って，これに入っていない(2)の屋内貯蔵所が誤りです。

【例題 3】**法令上，製造所等の定期点検について，次のうち誤っているものはどれか。ただし，規則で定める漏れの点検及び固定式の泡消火設備に関する点検を除く。**

(1) 定期点検は，1 年に 1 回以上行い，その点検記録の保存期間は 3 年間である。

(2) 丙種危険物取扱者が立会った場合は，危険物取扱者以外の者でも定期点検を行うことができる。

(3) 地下タンク貯蔵所及び移動タンク貯蔵所は，その規模等に関わらず，すべて定期点検を行わなければならない。

(4) 製造所，給油取扱所，一般取扱所は，地下タンクを有すれば定期点検の実施対象である。

(5) 免状の交付を受けていない危険物施設保安員は，当該製造所等の定期点検を行うことができない。

解説

(2) 危険物の取扱いとは異なり，定期点検では，丙種危険物取扱者も立ち会いができるので，正しい。

(3) p. 55 の 重要 **3** より，正しい。

(4) p. 55 の 重要 **3** より，正しい。

(5) 免状の交付を受けていなくても，危険物施設保安員であれば定期点検を行うことができます。

例題解答	**2**【例題 1】(4)　【例題 2】(2)　【例題 3】(5)

第5章 製造所等の基準

1 保安距離と保有空地 ★★

(1) 保安距離

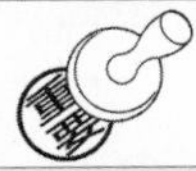

ヒロ君，屋内貯蔵所や屋外貯蔵所などに保管している危険物が，もし，爆発したらどうなる？

え～！　そりゃ，たいへんだ～！　すぐ逃げま～す！

ハハハ，爆発してから逃げても遅いと思うけどね……
何が言いたいかというと，もし，製造所等に火災や爆発が起こった場合，付近の建築物（保安対象物という）に影響を及ぼさない様にするために，あらかじめ一定の距離をそれらの建築物から取っておくんだ。この距離を**保安距離**と言うんだ。

この保安距離だが，すべての製造所等とすべての建築物に必要なわけではなく，「一定の製造所等」と「一定の建築物」との間に取る必要がある。

従って，この「**一定の製造所等**」と「**一定の建築物**」，それと両者の間に取る「**保安距離の値**」，これが保安距離の重要ポイントであり，出題ポイントなんだ。

では，この3つのポイントを順に説明していこうか。

① 保安距離が必要な5つの製造所等

製造所，一般取扱所，屋外貯蔵所，屋内貯蔵所，屋外タンク貯蔵所

先生，この5つの製造所等ですが，「指定数量の倍数により予防規程を定めなければならない製造所等 p. 52 の 少し詳しく 」と「指定数量の倍数により定期点検を定めなければならない製造所等 p. 56 の 少し詳しく 」と同じですね。

そうなんだ。従って，あのゴロ合わせを覚えておけば，**予防規程**と**定期点検**それに**保安距離**にも使えるので，できるだけ覚えてほしいね。

さて，次は，①の製造所等との間に保安距離を保つ必要がある「一定の建築物」だ。

ここでは，その「一定の建築物」と「保安距離の値」をセットで説明するからね。

② 製造所等から一定の距離（保安距離）を保たなければならない建築物等と保安距離

	建築物等	保安距離
(a)	特別高圧架空(かくう)電線（7000V を超え 35000V 以下） （注：架空とは空中に架け渡すこと）	3m 以上
(b)	特別高圧架空(かくう)電線（35000V を超えるもの）	5m 以上
(c)	製造所等の敷地外にある住居（住宅）	10m 以上
(d)	高圧ガス施設（液化石油ガスの施設を含む）	20m 以上
(e)	学校，病院，劇場等（多数の人を収容する施設）	30m 以上
(f)	重要文化財（重要有形民俗文化財等を含む）	50m 以上

ここで次の出題ポイントにも注意してほしい。

- (a)(b)の電線はあくまでも「架空電線」であり，**地中電線**は含まない！
- (e)の「多数の人を収容する施設」には**児童福祉施設**や**老人福祉施設**なども含むが，**大学**，**短大**，**予備校**は含まない！
- (f)の重要文化財には，重要文化財の**収蔵庫（倉庫）**は含まない！

以上をまとめたのが p. 61 の図になる。

また，①の保安距離が必要な5つの製造所等と②の製造所等との間に保安距離を保つ必要がある「一定の建築物」を覚えるためのゴロ合わせもその図の下にある。

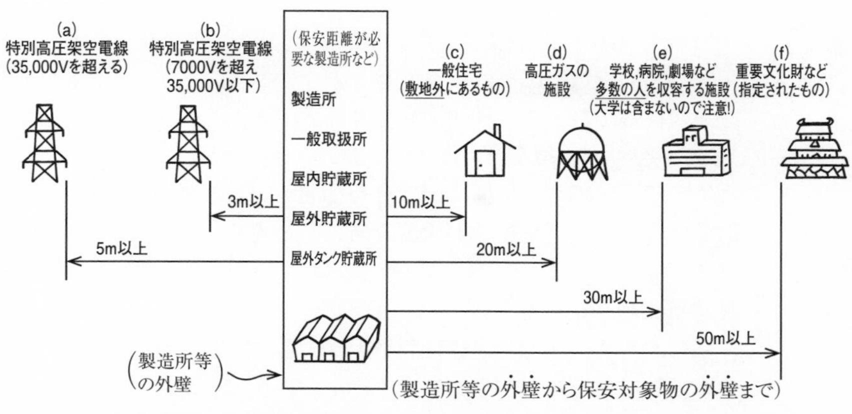

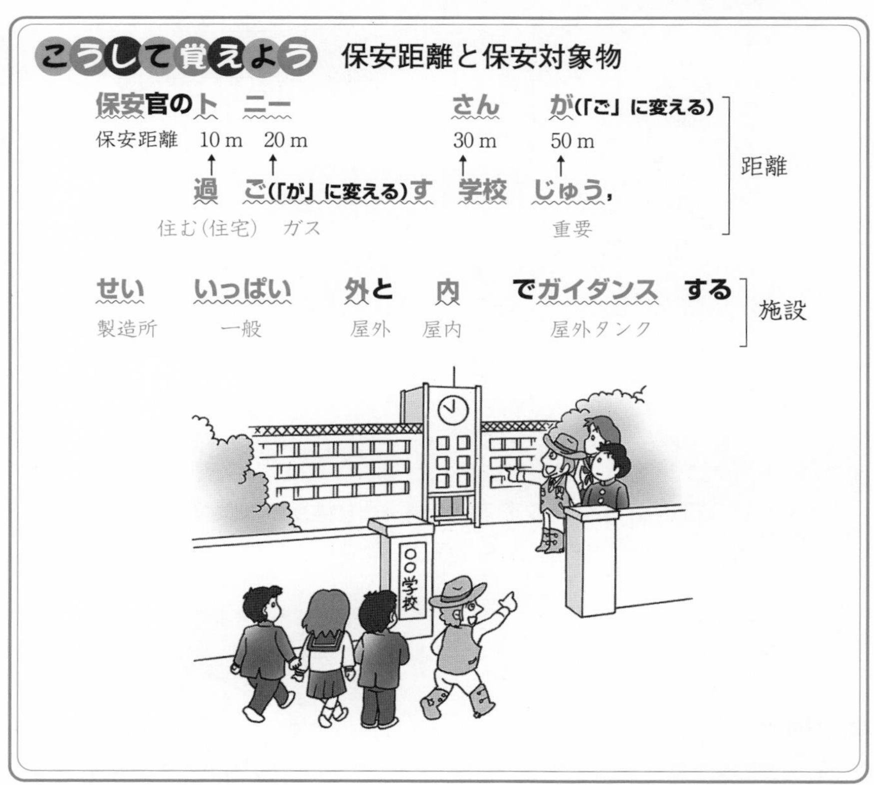

(2) 保有空地(ほゆうくうち)

先生,この保有空地って,「空地(あきち)」のことですか?

うん，まあ，空地(あきち)と言えば空地(あきち)だ。

なぜ，製造所等の周囲に空地(あきち)が必要かと言えば，もし，製造所等が火災になったとき，消火活動をするスペースを確保するためと延焼を防ぐためなんだ。

従って，その空地には，いかなる物品といえどもそこに置くことはできないんだ。(たとえ消火器であっても置くことはできない)。

さて，その保有空地なんだが，必要とする製造所等は，p. 59(1)の保安距離が必要な製造所等に**簡易タンク貯蔵所**（ただし，**屋外**に設けるもの）と**移送取扱所**（**地上**設置のもの）を加えた7つの製造所等になるんだ。それをまとめたのが次の表だ。

製造所等	保安距離	保有空地
製造所	○	○
一般取扱所	○	○
屋外貯蔵所	○	○
屋内貯蔵所	○	○
屋外タンク貯蔵所	○	○
簡易タンク貯蔵所（屋外設置）		○
移送取扱所（地上設置）		○

これを覚えるためのゴロ合わせは，p. 59(1)の保安距離の5つの製造所等に**簡易タンク貯蔵所**と**移送取扱所**を加えるだけなので，次のような覚え方を作ったのでヨロシク！

（保安距離の5つの施設）

＋

空き地で　カン　　パイ

簡易タンク　パイプライン＊

（＊移送取扱所はパイプラインとも言う）

「保安距離が必要な施設」と「保有空地が必要な施設」は“同じ”と先ずは強引に覚えておこう！
それが頭に定着したら「ただ保有空地には『簡易タンクと移送取扱所』という“オマケ”が付いている」と付け足して覚えればむずかしくはないはずじゃ！

【例題 1】**法令上，学校，病院等の建築物等から，一定の距離を保たなければならない旨の規定が設けられている製造所等は，次のうちどれか。**

⑴ 給油取扱所　⑵ 移送取扱所　⑶ 移動タンク貯蔵所
⑷ 屋内タンク貯蔵所　⑸ 屋内貯蔵所

解説

学校，病院等という具体的な保安対象物（保安距離の対象となる建築物）が示されているので戸惑うかもしれませんが，要するに，**保安距離が必要な製造所等は次のうちどれか**，ということです。

従って，p. 62 の表の 5 つの製造所等に含まれているのは ⑸ の屋内貯蔵所になります。

【例題 2】**法令上，製造所等の中には，特定の建築物等から一定の距離（保安距離）を保たなければならないものがあるが，その建築物等として次のうち正しいものはどれか。**

⑴ 大学，短期大学
⑵ 病院
⑶ 使用電圧が 7000V の特別高圧埋設電線
⑷ 重要文化財である絵画を保管する倉庫
⑸ 製造所等の存する敷地と同一の敷地内に存する住居

解説

危険物施設から保安距離を保たなければならない建築物等，およびその距離は，p. 60 ② の表にある建築物です。

⑴ 「多数の人を収容する施設」に大学は含まれていません。
⑵ ② の表の (e) にあります。
⑶ 特別高圧**架空**電線が正しく，特別高圧埋設電線は対象ではありません。
⑷ 対象はあくまでも重要文化財の建築物であり，絵画などを保管する倉庫は対象ではありません。
⑸ 住居は，製造所等の敷地内にあるものを除くので，誤りです。

【例題 3】法令上，次の A〜E の建築物等と製造所との間に保たなければならない距離（保安距離）として，正しいものの組合せは次のうちどれか。

A　幼稚園 ……………………………………………………………… 20m 以上

B　液化石油ガスの貯蔵所 ………………………………………… 10m 以上

C　使用電圧が 7000 ボルトを超え 35000 ボルト以下の特別高圧架空電線 …………………………………………………………… 水平距離 3m 以上

D　重要文化財として指定された建造物 ……………………… 40m 以上

E　住居の用に供するもの（製造所の存する敷地内と同一の敷地内に存するものを除く） ……………………………………………… 10m 以上

(1)　A と B　　(2)　B と C　　(3)　C と E

(4)　D と E　　(5)　A と E

解説

p. 60 ② の表より，A は (e) より 30m 以上なので×。B は (d) より 20m 以上なので×。C は (a) より 3m 以上なので○。D は (f) より 50m 以上なので×。E は (c) より 10m 以上なので○となります。

従って，正しいものの組合せは，(3) の C と E となります。

【例題 4】法令上，危険物を貯蔵し，又は取り扱う建築物その他の工作物の周囲に，一定の幅の空地を保有しなければならない旨の規定が設けられている製造所等の組合せは，次のうちどれか。

(1)　製造所　　　屋外タンク貯蔵所

(2)　屋内貯蔵所　　第 1 種販売取扱所

(3)　屋外貯蔵所　　第 2 種販売取扱所

(4)　一般取扱所　　屋内タンク貯蔵所

(5)　給油取扱所　　屋外に設置する簡易タンク貯蔵所

解説

「一定の幅の空地とは保有空地のこと」なので，2 つとも「保安距離が必要な製造所等」＋簡易タンク貯蔵所（屋外設置），移送取扱所（地上設置）の中に含まれていればよいわけです（p. 62 の表を参照）。

従って，(1) は，両方とも含まれているので，これが正解です。

ちなみに，保有空地が不要なものを確認すると，(2) は第 1 種販売取扱所，(3) は第 2 種販売取扱所，(4) は屋内タンク貯蔵所，(5) は給油取扱所になります。

例題解答　❶【例題 1】(5)　【例題 2】(2)　【例題 3】(3)　【例題 4】(1)

2 製造所等（製造所，屋内貯蔵所，屋外貯蔵所，販売取扱所，給油取扱所）

ここからいよいよ各製造所等の基準に入るが，製造所等の区分で学習したように，全部で12の施設があり，それぞれに細かい基準が定められている。

これらをすべて学習するとなると，かなりの時間を要するが，それに比べて実際に出題されているのを見ると，かなり少なくなっている。

従って，ここでは，ポイントだけ学習することにするので，そのつもりで付いてきてほしい。

わかりました。

では，まず，製造所の基準の説明に入るが，この製造所の建物の構造や設備の基準はすべての施設の建物にも共通する基準なんだ。

従って，製造所自身の出題率は低くても，たとえば，屋内貯蔵所の問題が出てきたら，ほとんどこの基準で解答できることが多いので，一応目は通しておいてほしい（例外などは一部省略してあります）。

なお，それぞれに**保安距離**が必要なら○，**保有空地**が必要なら○，不要なら×というように表示しているので，そのつもりで。

1. 製造所（保安距離○，保有空地○）

(1) 構造の共通基準（次ページの図参照）

表1

場　　所	構造の内容
①屋　根	**不燃材料**で造り，金属板などの軽量な不燃材料でふく。
②壁，柱，床，はり	**不燃材料**で造ること。
③窓，出入り口	・**防火設備**とすること。 ・ガラスを用いる場合は**網入りガラス**とすること。
④液状の危険物を取り扱う建物の床	・危険物が浸透しない構造とすること。 ・適当な**傾斜***をつけ，**貯留設備**を設けること。 （＊段差や階段を設けてはいけない！）。
⑤地　階	設けてはいけない。

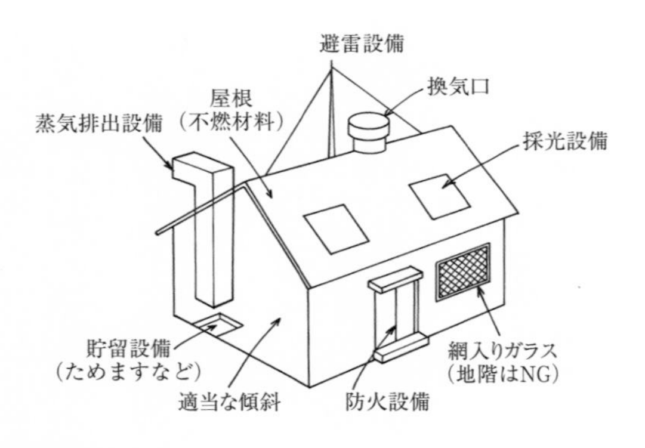

(2) 設備の共通基準

表 2

設　備	設備の内容
⑥ 採光，照明設備	建築物には**採光**，**照明**，**換気**の設備を設けること。
⑦ 蒸気排出設備と電気設備	可燃性蒸気等が滞留する恐れのある場所では， ・**蒸気等を屋外の高所に排出する設備** ・**防爆構造**の電気設備 を設けること。
⑧ 静電気を除去する装置	静電気が発生する恐れのある設備には，**接地**など静電気を有効に除去する装置を設けること。
⑨ 避雷(ひらい)設備* （＊建物を雷(かみなり)から守るための設備）	危険物の指定数量が **10 倍以上**の施設に設けること。（製造所，屋内貯蔵所，屋外タンク貯蔵所，一般取扱所のみ）

また，危険物施設には色んな配管が使われているが，その配管の基準も共通なので，ついでながら目を通しておいてほしい。

(3) 配管の基準

① 配管は，十分な強度を有し，最大常用圧力の **1.5 倍以上**の圧力で行う水圧試験を行ったとき，漏えいその他の異常がないものでなければならない。

② 配管を地下に設置する場合は，その上部の地盤面にかかる重量が当該配管にかからないように保護すること。

少し詳しく

③　配管を地下に設置する場合には，配管の接合部分（溶接部分を除く。）について当該接合部分からの危険物の漏洩（ろうえい）(＝漏（も）れること)を点検することができる措置を講じなければならない。

⇒「配管は接合部分の無いものとし……」という出題例があるが，上の下線部より誤りになる。

【例題（○×問題）】 **配管を地下に設置する場合には，その上部の地盤面を車両等が通行しない位置としなければならない。**

解説

「車両等が通行しない位置」という基準はありません。((3)の②の下線部が正しい)。

(答) ×

ここからは，共通基準である「製造所の基準」以外の基準だけ載せておくよ。

少し詳しく

２．屋内貯蔵所（保安距離○，保有空地○）

①　**平屋建て**とし**天井は設けない**（例外有り）。

②　容器に収納した危険物の温度は，**55℃**を超えないようにする。

③　床面積は**1000 ㎡以下**とし，軒高（のきだか）(地盤面から軒までの高さ)は**6 m未満**とする。

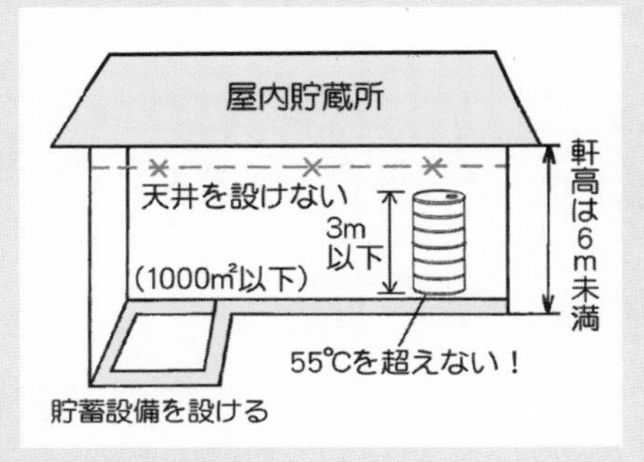

３．屋外貯蔵所（保安距離○，保有空地○）

○貯蔵し，又は取り扱う危険物は次のものだけ。

・第2類の危険物のうち**硫黄**又は**引火性固体**

・第4類の危険物のうち，**特殊引火物**を除いたもの（**引火性固体**，**第1石油類**は**引火点が0℃以上**のものに限る⇒波線より，**ガソリン，アセトン，ベンゼン**等は貯蔵できない。

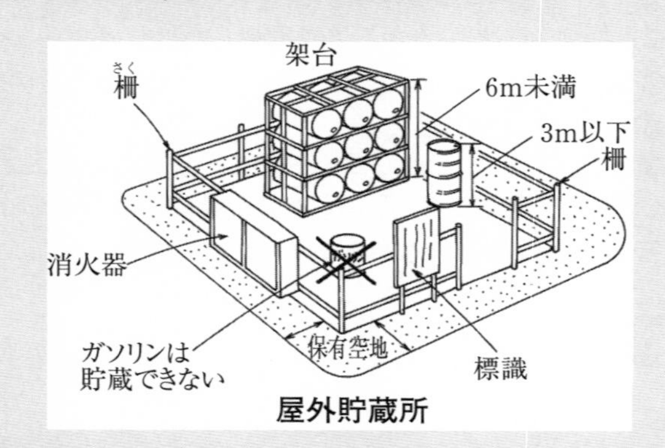

屋外貯蔵所

4．販売取扱所 （保安距離×，保有空地×）

販売取扱所とは，塗料や燃料などを容器入りのままで販売する店舗のことをいい，第1種販売取扱所と第2種販売取扱所とに区分されています。

第1種販売取扱所	指定数量の倍数が**15以下**のもの
第2種販売取扱所	指定数量の倍数が**15を超え40以下**のもの （指定数量） 0 ／ 15 ／ (15を含まない) ／ 40 第1種（0〜15） 第2種（15〜40）

① 店舗は建築物の**1階**に設置すること。

② 危険物の配合は，配合室以外で行わないこと。

5．給油取扱所 （保安距離×，保有空地×）

(1) **給油取扱所**

給油取扱所には，係員が給油するタイプのものとセルフ型スタンドの2つのタイプがあるが，最近は後者のセルフ型スタンド*の出題が多くなっている。
（＊「顧客に自ら自動車等に給油等をさせる給油取扱所」という言い方をする）

従って，説明の方もセルフ型スタンドの方をメインにしていくよ。

わかりました。

まず，次のイラストを見てほしい。少し簡単だが，給油取扱所の基準をわかりやすくするためにこのような図にしたんだ。

この図を見ながら，次の基準に目を通してほしい。
（注：**給油空地**とは，自動車等に給油したり，あるいはその自動車等が出入りするために確保するスペースのことで，また，**注油空地**は灯油の注入や詰め替えのために確保するスペースのこと）

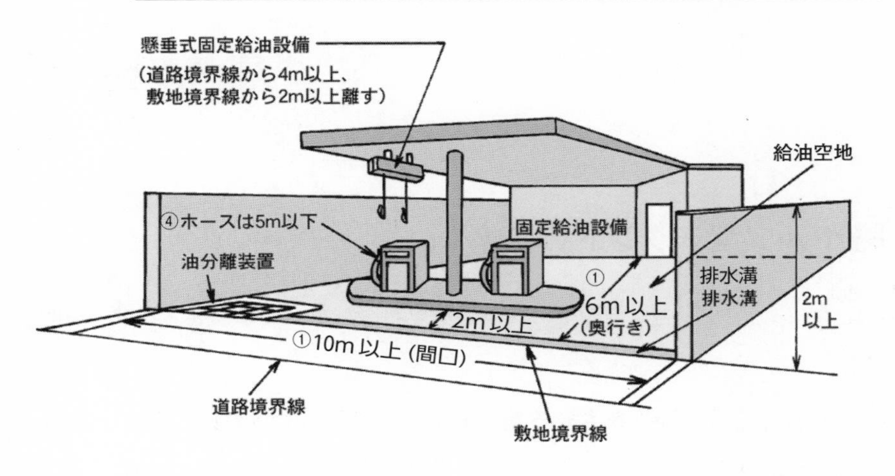

① 給油空地の保有
固定給油設備の周囲には，自動車等に直接給油，および給油を受ける自動車等が出入りするための**間口 10m 以上，奥行 6m 以上**の**給油空地**を保有すること。

② 給油空地の舗装

・漏れた危険物が浸透し，または当該危険物によって劣化し，もしくは変形するおそれがないものであること。

③　地下タンク

・**専用タンク**：容量に**制限なし**

・**廃油タンク**：**10000 ℓ 以下**

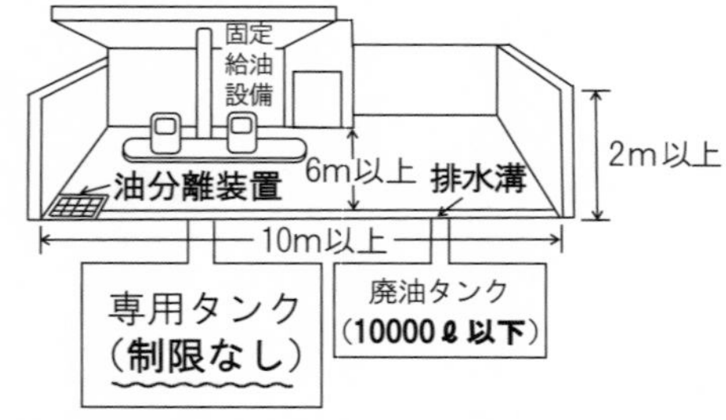

（油分離装置と排水溝も設けなければならないので注意！）

④　給油ホースの全長は **5m 以下**とすること。

〈取り扱いの基準〉

①　固定給油設備を用いて自動車等に直接給油する。その際，**自動車等の原動機（エンジン）を停止**させ，給油空地から**はみ出ない状態**で給油すること。

②　自動車等を洗浄する時は**引火点を有する液体洗剤**を使わないこと（⇒引火の危険があるため。）。

給油空地からはみ出してはダメ！

3 セルフ型スタンドの基準

セルフ型スタンドに表示しなければならない事項をメインに説明していくよ。

(1)　顧客（こきゃく）に自ら給油等をさせる給油取扱所に表示しなければならない事項

・**顧客（こきゃく）に自ら給油等をさせる給油取扱所である旨の表示**

・自動車等の停止位置

・危険物の品目

・ホース機器等の使用方法

なお，**営業時間**や**自動車の進入路**は表示する必要はないので要注意だ。

(2) 主な基準

① 給油ノズルは，燃料がタンクに満量になった場合，自動的に停止すること（ブザーは不要！）。

給油ノズルは自動的に停止（ブザーは要らない）

② 顧客は，顧客用固定給油設備以外の固定給油設備では給油できない。
③ 顧客の給油作業等を直視（ちょくし）等により監視すること。
④ 消火設備は，**第3種**固定式泡消火設備を設けること。

第3種消火設備
セルフ型スタンドには第3種消火設備が必要です

セルフ型スタンドは，**建物内にも設置できる**ので，「建物内には設置できない」とあれば×になるから注意が必要だ。
なお，このセルフ型スタンドには制御卓（せいぎょたく）という言葉が出てくるが，これは，コントロールブースと呼ばれるもので，いわゆる係員が待機している部屋のことで，ここで給油作業を監視したり，顧客に指示を行えるようになっているんだ。

【例題1】**法令上，給油取扱所及び顧客に自ら自動車等に給油させる給油取扱所の構造及び設備の技術上の基準として，次のうち正しいものはどれか。**

(1) 給油取扱所においては，固定給油設備（懸垂式を除く。）のうち，ホース機器の周囲に，自動車等に直接給油し，給油を受ける自動車等が出入りするための間口6m以上，奥行10m以上の空地を保有すること。
(2) 漏れた危険物が流出しないよう，浸透性（しんとうせい）のあるもので舗装しなければならない。
(3) 保安距離，保有空地を設ける必要はない。

(4) 顧客に自ら自動車等に給油させる給油取扱所は，建物内に設置してはならない。

(5) 顧客に自ら自動車等に給油させる給油取扱所においては，顧客用固定給油設備以外の固定給油設備を使用して，顧客自らによる給油を行わせることができる。

解説

(1) 給油空地は，間口が **10m 以上**，奥行が **6m 以上**必要なので，間口と奥行の数値が逆になっています（誤り）。

(2) 給油空地は，漏れた危険物が浸透しないように舗装しなければならないので，「浸透性のあるもの」が誤りです。

(3) 正しい（⇒ p. 62 の表に載っていないことを確認する）。

(4) 建物内に設置してはならないという規定はありません。

(5) 「顧客用固定給油設備以外」の最後にある「以外」が誤りです。

つまり，顧客用固定給油設備の固定給油設備を使用して，顧客自らによる給油を行わせることができるが，顧客用固定給油設備以外の固定給油設備を使用して，顧客自らによる給油を行わせることはできません。

4 タンク施設（屋内タンク貯蔵所，屋外タンク貯蔵所，地下タンク貯蔵所，簡易タンク貯蔵所，移動タンク貯蔵所）

このタンク施設にも共通の基準が少しあるんだが，ここでは細かい部分は省略して，次の 2 つだけは覚えておいてほしい。

計量口*	計量時（危険物の残量を確認する時）以外は**閉鎖**しておくこと。（移動タンク除く）。
タンクの元弁 （a 図参照）	危険物の出し入れするとき以外は**閉鎖**しておくこと。（*移動タンク貯蔵所の場合は**底弁**になる ⇒ b 図）。 （注：簡易タンク除く……簡易タンクには元弁がないため）

*計量口：計量棒を挿入して計量を行えるようにした装置

例題解答 3【例題 1】(3)

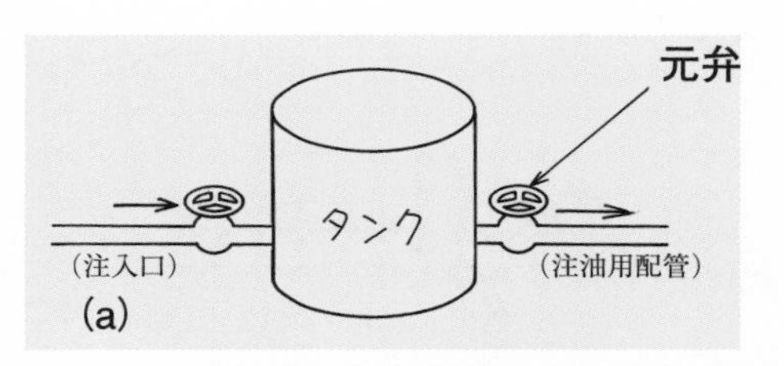

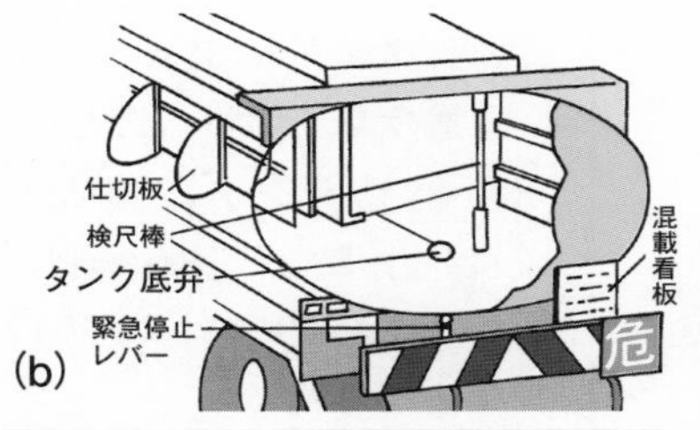

つまり，危険物の残量を確認する時や危険物を出し入れするとき以外は計量口およびタンクの元弁は閉めておくこと，ということだ。ま，考えれば当然と言えば当然のことだね。

少し詳しく

1．屋内タンク貯蔵所（保安距離×，保有空地×）

① **天井を設けないこと。**

② タンクと壁，およびタンク相互の間隔は **0.5m** 以上あけること（⇒点検等に必要な空間のため）

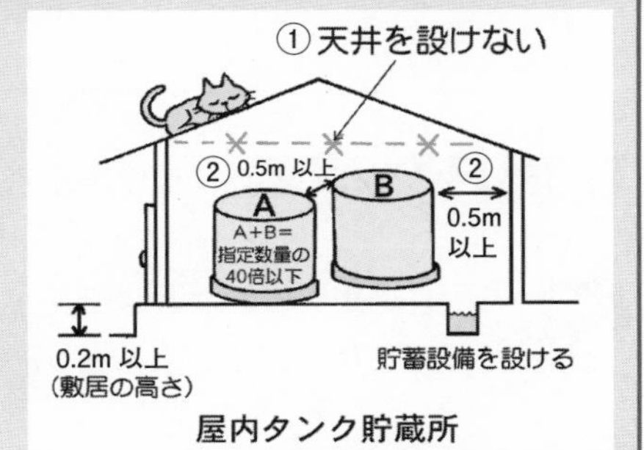

屋内タンク貯蔵所

2．地下タンク貯蔵所（保安距離×，保有空地×）

① タンク頂部から地盤面までは **0.6m** 以上，タンク相互は **1.0m 以上**（例外有），タンクと壁の間隔は **0.1m** 以上の間隔をとる。

② **第 5 種消火設備**を **2 個以上**設置すること。

③ 液体の危険物の地下貯蔵タンクへの注入口は，**屋外**に設けること。

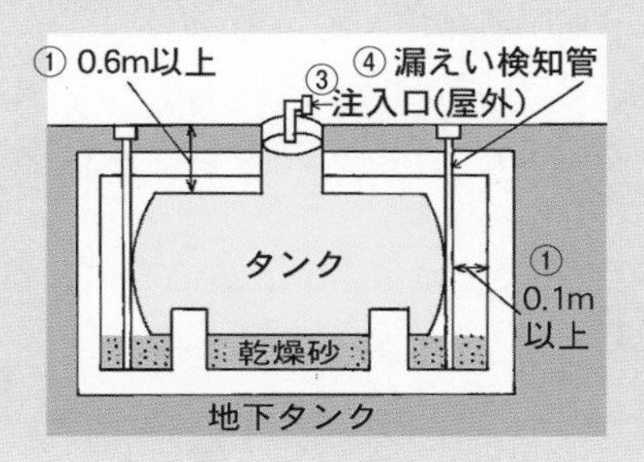

地下タンク

④　タンクの周囲には，危険物の漏れを検査する漏えい検知管を**4箇所以上**設けること。

3．簡易タンク貯蔵所

（保安距離×，保有空地○）

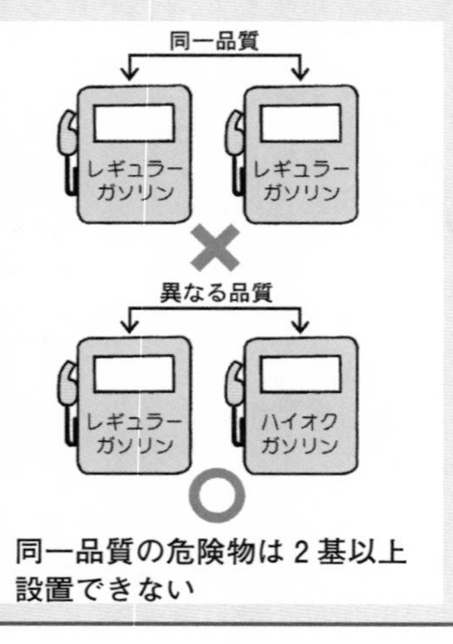

①　タンクの容量は600ℓ以下とすること。

②　タンクの個数は**3基以下**とすること。

（ただし，**同一品質***の危険物は**2基以上**設置できない）

（＊レギュラーとレギュラーは○，レギュラーとハイオクは×）

4．屋外タンク貯蔵所（保安距離○，保有空地○）

この屋外タンク貯蔵所だが，もし，タンクが破損して危険物が漏れ出したらどうなると思う。

危険物が漏れ出すんだから，非常に危険だと思います。

そうだね。そのために，液体の危険物（**二硫化炭素除く**）を貯蔵するすべての屋外タンク貯蔵所には，p.75ののような防油堤（ぼうゆてい）という囲いを設けて，危険物が漏れた場合に，その流出を防ぐような構造になっているんだ。

その囲いである防油堤の容量は，タンクの中身がすべて流れ出た場合を想定して，一番大きなタンクより少し大き目の**110%以上**と決められているんだ。

このあたりの数値がたまに出題されているので，次にポイントだけ載せておくね。

① 防油堤の高さは**0.5m 以上**とすること。

② 防油堤の容量は，タンク容量の **110% 以上**（＝1.1 倍以上）とすること。ただし，タンクが２つ以上ある場合は，その中で**最大のタンク容量の 110% 以上**とすること。

③ 防油堤内の滞水を外部に排水するための **水抜口**と，これを**開閉する弁**（通常は**閉じて**おく）を設けること（防油堤に水がたまった場合，この弁を開けて排水する）。

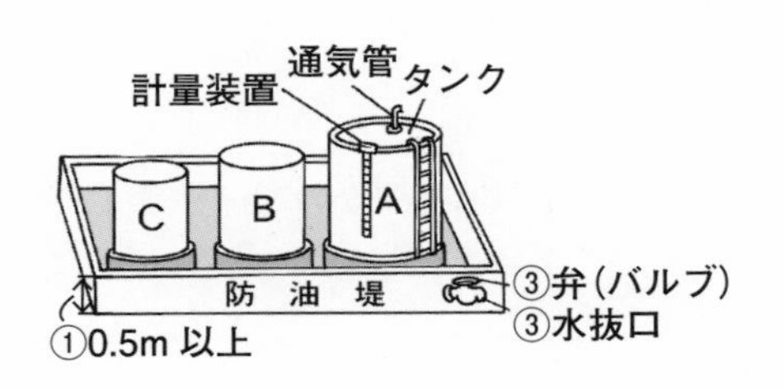

【例題 1】**次の３基の屋外貯蔵タンクを同一の防油堤内に設ける場合，この防油堤の必要最小限の容量として正しいのはどれか。**

１号タンク…重油　　40kℓ
２号タンク…軽油　　10kℓ
３号タンク…灯油　　50kℓ

(1)　11kℓ　　(2)　44kℓ　　(3)　55kℓ　　(4)　66kℓ　　(5)　110kℓ

解説

上の基準の②より，タンクが２つ以上ある場合は，その中の最大容量の **110% 以上**とする必要があります。

従って，最大容量は３号タンクの灯油 50kℓ になるので，その 50kℓ の 110% 以上（1.1 倍以上）＝ 55kℓ の容量が必要ということになります。

5．移動タンク貯蔵所（保安距離×，保有空地×）

移動タンク貯蔵所という名前だが，要するに，タンクローリーのことだ。この施設については，たまに出題されているので，ポイントには目を通しておいてほしい。

① タンクの容量は **30000 ℓ 以下**とし，内部に **4000 ℓ 以下**ごとに区切った間仕切りを設けること。

② 車両の前後の見やすい箇所に**「危」**の標識を掲げること。

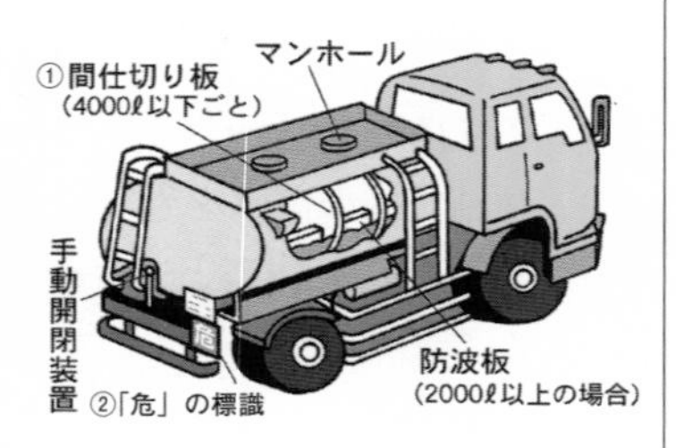

③ 静電気が発生する恐れがある液体の危険物用のタンクには**接地導線（アース）**を設けること。

④ 規定の書類*を常時（**移送中も！**）備えておくこと。

＊規定の書類（⇒**許可書**などは不要なので，注意！）
1. 完成検査済証
2. 定期点検記録
3. （品名や数量などの）変更届出書
4. 譲渡，引き渡しの届出書

（覚え方⇒**家**（完成）　**庭**（定期）　**返**（変更）　**上**（譲渡））

⑤ 自動車用消火器を **2 個以上**設置すること。

⑥ タンクの**底弁***は，使用時以外は**閉鎖**しておくこと。（＊p. 73 の b 図参照）

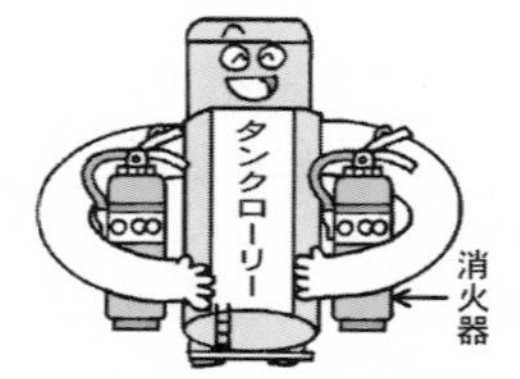

タンクローリーにも 2 個以上

〈取扱いの基準〉

① タンクから液体の危険物を容器に詰め替えないこと。ただし，引火点が **40℃ 以上**の第 4 類危険物の場合は詰め替えができる。

② 引火点が **40℃ 未満**の危険物を注入する場合は，移動タンク貯蔵所のエンジン（原動機）を**停止**させること。（エンジンの点火火花による引火爆発を防ぐため）

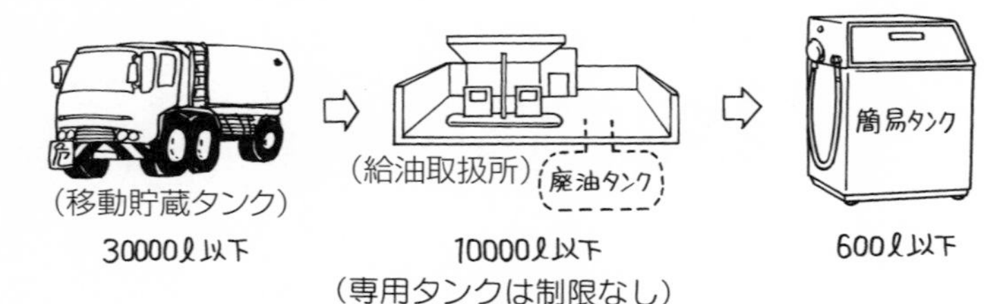

【例題2】**法令上，移動タンク貯蔵所の位置・構造・設備等の技術上の基準について，次のうち正しいものはどれか。**

(1) 移動タンク貯蔵所の常置(じょうち)場所*は，病院，学校等から一定の距離（保安距離）を有しなければならない。（*使用しない時に保管しておく場所）
(2) 取り扱う危険物に応じた第4種，又は第5種の消火設備を設けること。
(3) タンクの底弁は，使用時以外は開放しておくこと。
(4) 移動タンク貯蔵所には警報設備を設けなくてよい。
(5) タンクの容量は10000ℓ以下とし，内部に4000ℓ以下ごとに区切った間仕切りを設けること。

解説

(1) 誤り。移動タンク貯蔵所の常置(じょうち)場所は，**屋外の防火上安全な場所**か屋内であれば**耐火構造もしくは不燃材料で造った建築物の1階**とすることになっていますが，保安距離，保有空地とも不要です。
(2) 誤り。前ページ⑤より，第4種は不要で，**自動車用消火器**を**2個以上**設置する必要があります。
(3) 誤り。前ページ⑥より，貯蔵タンクの**元弁**や**底弁**及び**注入口のふた**などは，通常は**閉鎖**しておく必要があります。
(4) p. 85 **2** の警報設備参照。
(5) 誤り。p. 76〈取扱いの基準〉の①より，移動タンク貯蔵所のタンク容量は30000ℓ**以下**です。10000ℓ以下というのは，給油取扱所の**廃油タンク**の容量です（4000ℓ以下，というのは正しい）。

【例題3】**法令上，移動タンク貯蔵所に備え付けなければならない書類として次のうち誤っているものはどれか。**

(1) 定期点検の記録
(2) 設置又は変更の許可書
(3) 危険物貯蔵所譲渡，引渡届出書
(4) 完成検査済証
(5) 危険物の品名，数量又は指定数量の倍数変更届出書

解説

p. 76 ④より，(2)が含まれていません。

例題解答	**4**【例題1】(3)　【例題2】(4)　【例題3】(2)

第6章 貯蔵及び取扱いの基準★★

製造所等において，危険物を貯蔵及び取り扱う際の基準については，① 製造所等に**共通する**基準だけの出題と ② 各施設の貯蔵及び取り扱い基準の**総合問題**としての出題，の2通りがあるんだ。

ここでは ① について，出題される可能性のあるポイントだけ書いておくね。

先生，いっぱい基準があって，正直，うんざりするんですが……

これらを読んで無理に覚えようとする必要はないんだ。とにかく問題を何回もこなしていくと，自然と頭に入るものなので，心配はご無用だ。

① **許可**や**届出**をした「**品名以外の危険物**」や「**数量**（又は**指定数量の倍数**）**を超える危険物**」を貯蔵または取り扱わないこと。

② **貯留設備**（ちょりゅう）や**油分離装置**（あぶらぶんり）にたまった危険物はあふれないよう**随時**（ずいじ）くみ上げること（⇒あふれると火災予防上危険であるため）。

③ 危険物のくず，かす等は**1日に1回以上**，危険物の性質に応じ安全な場所，および方法で廃棄や適当な処置（焼却など）をすること（⇒p. 79，⑧の下，図③）。

④ 危険物を保護液中に貯蔵する場合は，保護液から**露出しないように**すること。

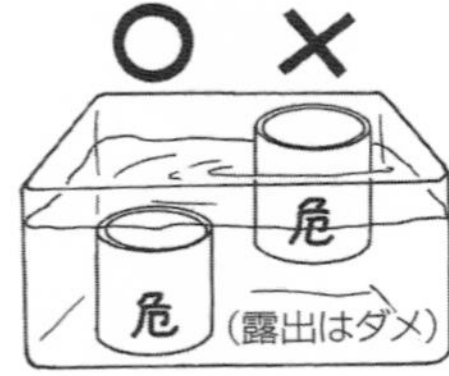

⑤　可燃性の液体や蒸気などが漏れたり，滞留または可燃性の微粉が著しく浮遊する恐れのある場所では**火花を発する機械器具，工具，履物等**を使用しない。

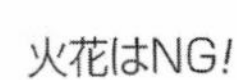

⑥　危険物が残存している設備や機械器具，または容器などを修理する場合は，安全な場所で**危険物を完全に除去して**から行うこと。

⑦　みだりに**火気**を使用しないこと（注：絶対に禁止，ではない）

⑧　危険物は，原則として**海中**又は**水中**に流出させ又は投下しないこと。

③焼却は安全な場所で見張人をつけて行うこと。

⑧危険物を川や海に流出（又は投下）させないこと。

⑨　建築物等は，危険物の性質に応じた有効な**遮光**（しゃこう）または**換気**（かんき）を行うこと。

⑩　貯蔵所には，原則として**危険物以外の物品を貯蔵しない**こと。

【例題 1】 **法令上，危険物の貯蔵及び取扱いの技術上の基準について，次のうち誤っているものはどれか。**

⑴　製造所等には，係員以外の者をみだりに出入りさせてはならない。

⑵　油分離装置にたまった危険物は，希釈（きしゃく）してから排出しなければならない。

⑶　危険物のかす等は，1日に1回以上当該危険物の性質に応じて，安全な場所で廃棄その他の適当な処置をしなければならない。

⑷　危険物は，温度計，湿度計及び圧力計等を監視して，当該危険物の性質に応じた適正な温度，湿度又は圧力を保つようにしなければならない。

(5) 製造所等においては，許可若しくは届出に係る品名以外の危険物又はこれらの許可若しくは届出に係る数量若しくは指定数量の倍数を超える危険物を貯蔵し又は取扱ってはならない。

解説

油分離装置にたまった危険物は，希釈して排出するのではなく，「あふれないよう**随時**くみ上げること」となっています。

【例題 2】**法令上，製造所等においてする危険物の貯蔵，取扱いのすべてに共通する技術上の基準について，次のうち正しいものはどれか。**

(1) 可燃性蒸気が漏れる恐れのある場所で火花を発する機械器具を使用する場合は，注意して行わなければならない。

(2) 危険物を保護液中に貯蔵する場合は，危険物の一部を必ず保護液から露出させておくこと。

(3) 廃油などを廃棄する場合は，焼却以外の方法で行うこと。

(4) 製造所等においては，常に整理及び清掃を行うとともに，みだりに空箱その他不必要な物件を置いてはならない。

(5) 危険物が残存し，又は残存しているおそれがある設備，機械器具，容器を修理する場合は，適宜換気をしなければならない。

解説

(1) 可燃性蒸気が漏れる恐れのある場所では，火花を発する機械器具を使用してはならないので，誤りです。

(2) 危険物を保護液中に貯蔵する場合は，危険物が保護液から露出しないようにして貯蔵する必要があるので，誤りです。

(3) 廃油などを廃棄する場合，見張り人を置き，安全な場所と方法ならば，焼却することもできます。

(5) 危険物が残存し，又は残存しているおそれがある設備，機械器具，容器を修理する場合は，換気ではなく，安全な場所で危険物を完全に除去した後に行う必要があります。

例題解答 【例題 1】(2)　【例題 2】(4)

第7章 製造所等に設置するもの

製造所等に設置するものとしては，消火設備や標識及び警報設備などがあるが，圧倒的に**消火設備**がよく出題されているんだ。
従って，ここでは消火設備を中心に説明していくよ。

わかりました。

1 消火設備 ★★

(1) 消火設備の種類 

消火設備には次のように，第1種から第5種までがあるんだ。

表1

<table>
<tr><th>種別</th><th>消火設備の種類</th><th>消火設備の内容</th></tr>
<tr><td>第1種</td><td>屋内消火栓設備
屋外消火栓設備</td><td></td></tr>
<tr><td>第2種</td><td>スプリンクラー設備</td><td></td></tr>
<tr><td>第3種</td><td>固定式消火設備</td><td>水蒸気消火設備
水噴霧消火設備
泡消火設備
二酸化炭素消火設備
ハロゲン化物消火設備
粉末消火設備</td></tr>
<tr><td>第4種</td><td>大型消火器</td><td rowspan="2">（第4種，第5種共通）右の（　）内は第5種の場合
水（棒状，霧状）を放射する大型（小型）消火器
強化液（棒状，霧状）を放射する大型（小型）消火器
泡を放射する大型（小型）消火器
二酸化炭素を放射する大型（小型）消火器
ハロゲン化物を放射する大型（小型）消火器
消火粉末を放射する大型（小型）消火器</td></tr>
<tr><td>第5種</td><td>小型消火器
水バケツ，水槽，乾燥砂など</td></tr>
</table>

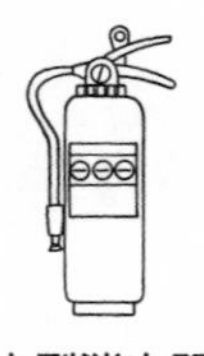
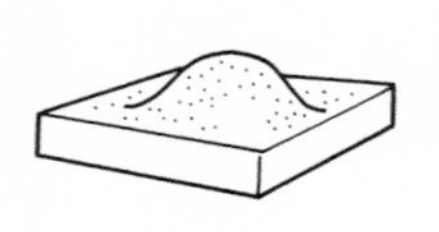

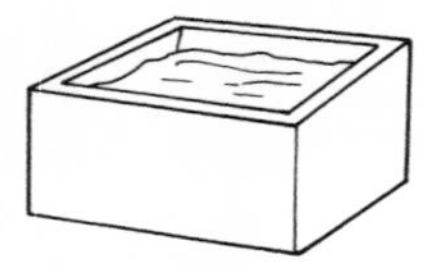
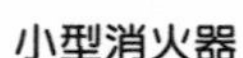

乾燥砂　　水バケツ　　水槽

第5類消火設備

うわー，ずいぶんいっぱいあるなー。とても覚えられないや……

おいおい，いきなり，この表をすべて覚える必要なんかないんだ。まずは，次のゴロ合わせを覚えてほしい。

これで，第1種は「消火栓」が付いているので，屋内消火栓か屋外消火栓だな，第4種は「大」なので，「大型消火器」，第5種は「小」なので，「小型消火器」なんだな，と思い出すわけだ。

（消火器は）	栓を	する	設備	だ	しょうだ
	消火栓	スプリンクラー	消火設備	大（型）	小（型）
	（第1種	第2種	第3種	第4種	第5種）

先生，第3種のところは「設備」となっていますが，どうしてですか？

それは，第3種の消火設備には，すべて「～消火設備」と入っているだろう？

そこから思い出すんだ。

従って，たとえば，「粉末消火設備」は何種だったかな？　となった場合，「消火設備」が付いているから，ゴロ合わせから第3種だな，となるわけだ。

(2) 消火設備の設置基準

この消火設備の設置基準も，よく出題されているんだ。一応，目は通しておいてほしい。

表 2

設置場所	設置基準
地下タンク貯蔵所	**第 5 種**消火設備を **2 個以上**設置する。
移動タンク貯蔵所	**自動車用消火器**を **2 個以上**設置する。
電気設備	**100 ㎡**ごとに **1 個以上**設置する（下図 a)。
消火設備	**設置基準**
第 4 種消火設備	防護対象物からの**歩行距離**は **30m 以下**（下図 b)
第 5 種消火設備	防護対象物からの**歩行距離**は，原則として **20m 以下**＊（下図 c)
屋内消火栓設備 屋外消火栓設備	・屋内消火栓は各部分から**水平距離 25m 以下** ・屋外消火栓は各部分から**水平距離 40m 以下**

少し詳しく

＊次の施設は，20m 以下ではなく，「**有効に消火できる位置**」に設ければよい，となっています。

・**地下タンク貯蔵所，給油取扱所，販売取扱所，簡易タンク貯蔵所**
移動タンク貯蔵所

（覚え方 ⇒ **ち**（地下） **きゅう**（給油） **は**（販売） **か**（簡易） **い**（移動））

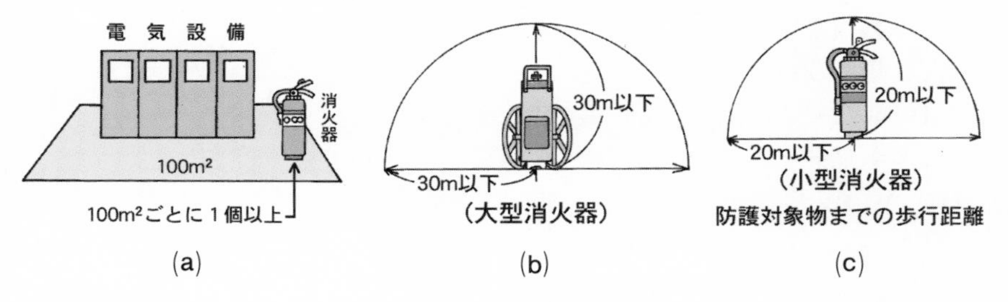

(a)　(b)　(c)

(3) 所要単位

所要単位というのは，その製造所等にどのくらいの消火能力がある消火設備が必要であるか，というのを判断するときに基準となる単位で，ポイントは次のとおり。

危険物は指定数量の **10 倍**が 1 所要単位

少し詳しく

外壁が**耐火構造**の場合，**製造所・取扱所**は **100 ㎡**，**貯蔵所**は **150 ㎡が** 1 所要単位
（耐火構造以外は，下線部が $\frac{1}{2}$ になる）

【例題 1】**次の消火設備の組合わせで，誤っているのはどれか。**

(1) 屋内又は屋外消火栓設備……………………………………第 1 種消火設備
(2) 水噴霧消火設備…………………………………………………第 2 種消火設備
(3) 二酸化炭素消火設備……………………………………………第 3 種消火設備
(4) 消火粉末を放射する大型消火器………………………………第 4 種消火設備
(5) 二酸化炭素を放射する小型消火器……………………………第 5 種消火設備

解説

「消火設備」が付くのは**第 3 種消火設備**です。なお，第 2 種は，スプリンクラー設備です。

【例題 2】**法令上，第 5 種の消火設備に該当するものの組合せとして，次のうち正しいものはどれか。**

A　粉末消火設備
B　消火粉末を放射する小型の消火器
C　膨張ひる石
D　消火粉末を放射する大型の消火器
E　乾燥砂

(1)　A，B，C　　(2)　B，C，E　　(3)　B，C，D　　(4)　C，D，E

解説

p. 81 の表 1 より，確認していきます。
A　粉末消火設備は「消火設備」が付いているので，**第 3 種消火設備**です。
B　「小型の消火器」なので，**第 5 種消火設備**です。
C　膨張ひる石は，第 5 種の乾燥砂のグループに入るので，**第 5 種消火設備**です。
D　「大型の消火器」なので，**第 4 種消火設備**です。
E　乾燥砂は**第 5 種消火設備**です。
従って，(2)　B，C，E が正解です。

【例題 3】**法令上，製造所等に設置する消火設備について，次のうち正しいものはどれか。**

(1) 第 4 種の消火設備は，原則として防護対象物の各部分から一の消火設備に至る水平距離が 30m 以下となるように設けなければならない。
(2) 電気設備に対する消火設備は，電気設備を設置する場所の面積 100 ㎡ごとに，1 個以上設けること。
(3) 危険物は指定数量の 100 倍を 1 所要単位とする。
(4) 屋外消火栓設備は，第 2 種の消火設備である。
(5) 地下タンク貯蔵所には，第 4 種の消火設備を 2 個以上設けなければならない。

解説

(1) 水平距離ではなく**歩行距離が 30m 以下**です（⇒ p. 83 表 2）。
(3) 危険物は指定数量の **10 倍**が 1 所要単位です（⇒ p. 83 (**3**)）。
(4) 屋外消火栓設備は，**第 1 種**の消火設備です（⇒ p. 81 表 1）。
(5) 第 4 種ではなく，**第 5 種**の消火設備です。なお，移動タンク貯蔵所には自動車用消火器を **2 個以上**設置する必要があります（⇒ p. 83 表 2）。

2 警報設備

先生，警報設備って何ですか？

火災が発生したときに自動的に知らせる設備のことだよ。指定数量の **10 倍以上**の製造所等に設置しなければならないんだが，**移動タンク貯蔵所**には不要なんだ。特にこの下線部が重要だよ。

こうして覚えよう 警報設備の置

K 警報　**点** 10倍　**移動は** 移動タンク ⇒ **不要** 要らない

・警報設備⇒指定数量の 10 倍以上で設置
・移動タンク貯蔵所には不要

例題解答	❶【例題 1】(2)　【例題 2】(2)　【例題 3】(2)

その警報設備なんだが，次の５つのものがある。

〈警報設備の種類〉（下線部は **こうして覚えよう** に使う部分です）

こうして覚えよう 警報設備の種類

「警報」の 字 書く 秘 書 K
自 拡 非 消 警

・自動火災報知設備
・拡声装置
・非常ベル装置＊
・消防機関に報知できる電話
・警鐘

（＊**非常電話，手動サイレン，自動サイレン，発煙筒**などは含まれないので注意！）

【例題 1】**法令上，警報設備を設置しなければならない製造所等として，次のうち正しい組合せのものはどれか。**

A 指定数量の倍数が５の製造所
B 指定数量の倍数が５の地下タンク貯蔵所
C 指定数量の倍数が 10 の一般取扱所
D 指定数量の倍数が 10 の移動タンク貯蔵所
E 指定数量の倍数が 10 の屋外タンク貯蔵所

(1) A と B　(2) A と C　(3) B と C
(4) B と D　(5) C と E

解説

警報設備は指定数量の倍数が **10 以上**の製造所等に設置しなければならないので，C から E が正解というところですが，ただ，D の移動タンク貯蔵所には設置しなくてもよいので，C と E になります。

例題解答 **2**【例題 1】(5)

第8章 運搬(うんぱん)と移送(いそう)

先生，運搬と移送の違いを教えてください。

うん。**運搬**というのは，移動タンク貯蔵所（タンクローリー）以外の車両（**トラックなど**）によって危険物を輸送することをいい，危険物取扱者の乗車は必要ない。

それに対して**移送**というのは，移動タンク貯蔵所（**タンクローリー**）によって危険物を輸送することをいい，この場合，危険物取扱者の乗車は必要になる。この違いに注意が必要だ。

なお，出題率は圧倒的に運搬の方が多いので，運搬を中心に説明していくよ。

1 運搬の基準 ★★

では，まず，運搬に使う容器の外部に表示することを覚えていこう。その容器には，次のことを表示しなければならないんだ。

少々うんざりするかもしれないが，例のごとく，ゴロ合わせを用意しておいたから，それを利用して，できるだけ覚えてほしい。

(1) 運搬容器に表示すること 重要

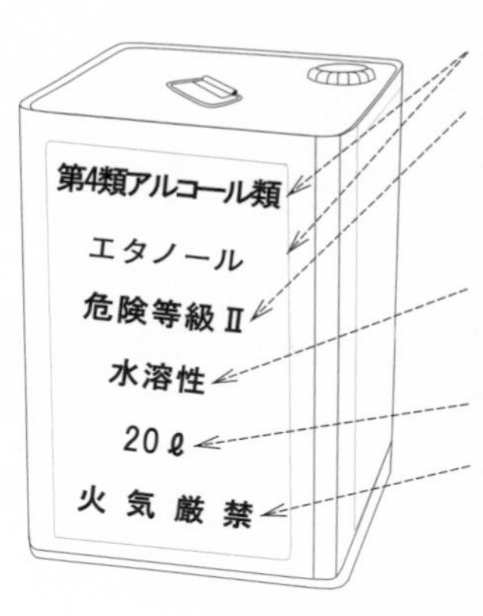

① 危険物の**品名**と**化学名**
② **＊危険等級**（危険物を危険性の程度によりⅠからⅢまでの等級に区分したもの）
③ 第4類危険物の水溶性の危険物には「水溶性」の表示
④ 危険物の数量（ℓまたはkg）
⑤ 収納する危険物に応じた**注意事項**

容器に表示する事項

① 危険物の**品名**と**化学名**
② **危険等級**
③ 第4類危険物の水溶性の危険物には「**水溶性**」の表示
④ 危険物の**数量**
⑤ 危険物に応じた**注意事項**（第4類危険物は「**火気厳禁**」）

容器に表示する事項

陽気な　ヒ　　ト　　なら（アルコールの）
容器　①品名　②等級　①名（化学名）

量に注意　　するよう
④数量 ⑤注意事項　③水溶

先生，②の危険等級って何ですか？

うん，危険物を危険性の程度によりⅠからⅢまでの等級に区分したもののことで，第4類危険物では次のようになっている。

危険等級	危険物
Ⅰ	特殊引火物
Ⅱ	第1石油類，アルコール類
Ⅲ	その他の第4類危険物

（Ⅰ，Ⅱ，Ⅲは1，2，3をローマ数字で表したもの）

なお，この容器をトラックなどに積載する場合にも次のような決めごとがあり，こちらも要注意だ。

⑵ 積載方法の基準

① 危険物は，原則として運搬容器に収納して積載すること。
ただし，**塊状**（かいじょう）*の硫黄は容器に収納しないで運搬できる。
（＊塊状⇒固まっている状態）。

② 容器は，収納口を**上方**に向けて積載すること。

③ 容器を積み重ねる場合は，高さ**3m以下**とすること。

④　**特殊引火物**は日光の直射を避けるため**遮光性の被覆**で覆うこと。

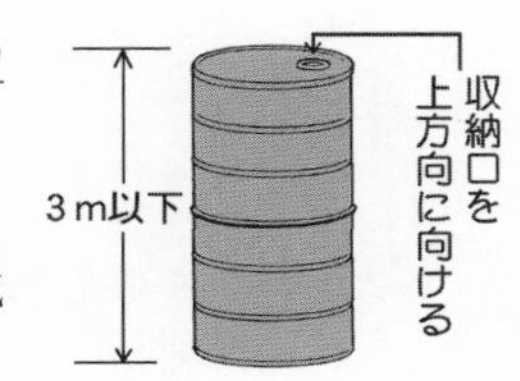

⑤　類の異なる危険物を同一車両で運搬することを**混載**といい，次の組合わせの場合は，その混載が可能（ただし，指定数量の**1／10以下**ならこの規制はない）。

●混載が可能な組合わせ

1−6
2−5，4
3−4
4−3，2，5

〈混載できる組合わせ〉

左の部分は1から4と順に増加，
右の部分は6，5，4，3と下がり，2と4を逆に張り付け，そして最後に5を右隅に付け足せばよい。

最後に，運搬方法のポイントだけ2つ。
指定数量以上の危険物を運搬する場合は，

①　車両の前後の見やすい位置に，**「危」の標識**を掲げること。
②　運搬する危険物に適応した**消火設備**を設けること。

……以上。

【例題1】**法令上，危険物を運搬する場合，原則として運搬容器の外部に行う表示として定められていないものは，次のうちどれか。**

(1)　危険物の品名，危険等級及び化学名
(2)　第4類危険物のうち，水溶性の性状を有するものにあっては「水溶性」
(3)　危険物の数量
(4)　収納する危険物に応じた消火方法
(5)　収納する危険物に応じた注意事項

解説

p. 88の上「容器に表示する事項」より，消火方法は容器に表示しなければならない事項に入っていません。

【例題2】**法令上，危険物を運搬する場合の技術上の基準について，次のうち正しいものはどれか。**

(1) 運搬容器を積み重ねる場合においては，容器を積み重ねる高さを6m以下となるように積載しなければならない。
(2) 指定数量以上の危険物を車両で運搬する場合は，当該危険物を取り扱うことができる危険物取扱者が乗車しなければならない。
(3) 運搬容器は，収納口を横に向けて積載しなければならない。
(4) 指定数量以上の危険物を車両で運搬する場合は，当該危険物に適応する消火設備を備えつけておかなければならない。
(5) 重油の危険等級はⅡである。

解説

(1) 容器を積み重ねる高さは**3m以下**とする必要があります(p.89右上の図)。
(2) 移送と異なり，運搬の場合，たとえ指定数量以上でも危険物取扱者の乗車は不要です。
(3) 運搬容器は，収納口を**上方**(じょうほう)に向けて積載します（p.88(2)の②)。
(5) p.88の表より，重油は第4類危険物の「その他の第4類危険物」になるので，危険等級はⅢです。

【例題3】**法令上，危険物を運搬する場合，日光の直射を避けるため遮光性(しゃこうせい)の被覆で覆わなければならないものは，次のうちどれか。**

(1) ジエチルエーテル　(2) アセトン　(3) ベンゼン
(4) ガソリン　(5) エタノール

解説

p.89 1行目の④より，特殊引火物であるジエチルエーテルが日光の直射を避けるため遮光性の被覆で覆わなければならないものになります。

【例題4】**法令上，第4類危険物を運搬する場合，混載が禁止されている危険物の組合せとして，次のうち正しいのはどれか。**
ただし，各危険物は指定数量の10分の1を超える数量とする。

(1) 第1類と第3類　(2) 第1類と第6類
(3) 第2類と第3類　(4) 第2類と第5類
(5) 第3類と第6類

解説

p.89のこうして覚えようより，第4類危険物と混載できる危険物は，**第2類**と**第3類**および**第5類**で，**第1類**と**第6類**は不可です。

例題解答	1【例題】(4)　【例題2】(4)　【例題3】(1)　【例題4】(2)

2 移送の基準 ★

移送は，そう出題される分野でもないので，要点だけ示しておくよ。

① 移送する危険物を取り扱うことができる危険物取扱者が乗車し，**免状を携帯すること**。

② 長距離移送の場合は，原則として**2名以上**の運転要員を確保すること。

③ **消防吏員**（りいん）または**警察官**は，火災防止のため必要な場合は，移動タンク貯蔵所を停止させ，危険物取扱者免状の提示を求めることができる。

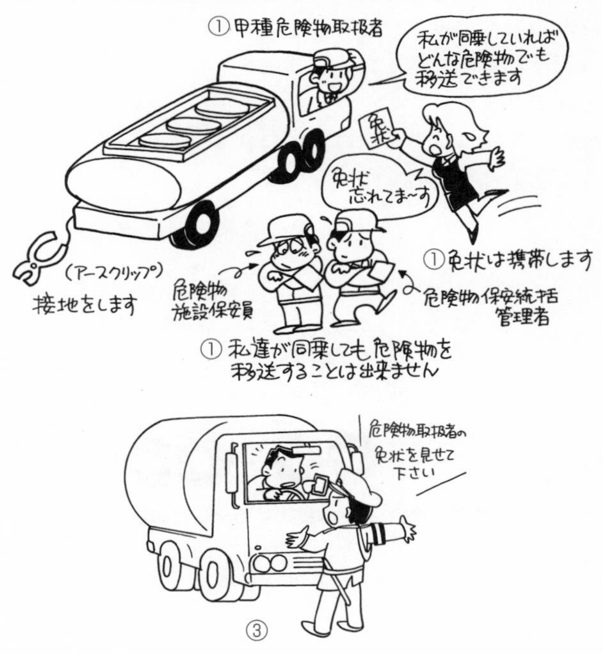

【例題1】**法令上，移動タンク貯蔵所による危険物の移送に関する基準について，次のうち定められていないものはどれか。**

(1) 移送の開始前に，移動貯蔵タンクの底弁その他の弁，マンホール及び注入口のふた，消火器等の点検を十分に行わなければならない。

(2) 移動タンク貯蔵所によるガソリンの移送は，丙種危険物取扱者を乗車させて，これを行うことができる。

(3) 危険物の移送をする者は，移動貯蔵タンクから危険物が著しく漏れるなど災害が発生する恐れのある場合には，災害を防止するための応急措置を講じるとともに，最寄りの消防機関その他の関係者に通報しなければならない。

(4) 危険物取扱者は，危険物の移送をする移動タンク貯蔵所に乗車しているときは，免状を携帯していなければならない。

(5) 定期的に当該危険物の移送をする者は，移送の経路その他必要な事項を記載した書面を関係消防機関に送付するとともに書面の写しを携帯しなければならない。

解説

(2) 移動タンク貯蔵所による危険物の移送は，その危険物を取り扱うことができる危険物取扱者を乗車させて行う必要があります。従って，丙種は，ガソリンを取り扱うことができるため，移動タンク貯蔵所によるガソリンの移送も行うことができます。

(4) 移送の場合，免状は携帯しなければなりません。

(5) このような基準はないので，誤りです。

(4) 移送の場合，免状は携帯する必要があります。

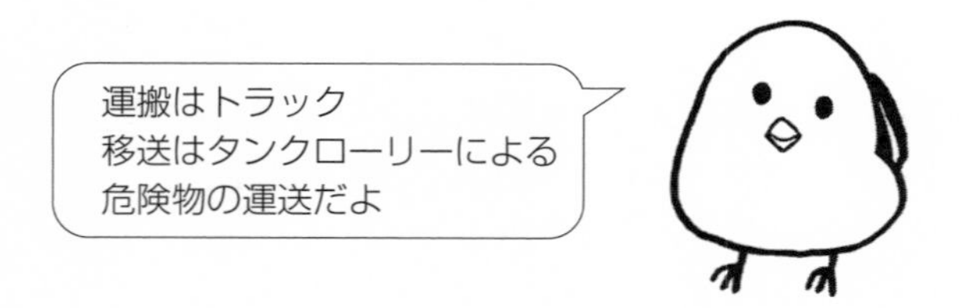

例題解答 2【例題 1】(5)

第9章 命令 (許可の取り消し命令，使用停止命令) ★★

先生，このページを見ると，⑴と⑵で同じような言葉が出ているようで，少しわかりにくいです。

ハハハ，確かにそうだな。ま，要約すると，この命令には，
①「施設の設置許可を取り消す命令」か「(一定の期間だけ) 施設の使用を停止させる命令」のどちらかを出せる場合と，
②「(一定の期間だけ) 施設の使用を停止させる命令」のみ出せる場合…の2通りがあるんだ。
この分野は非常によく出題されているので，そのつもりで目を通していってほしい。

⑴ 許可の取り消し，又は使用停止命令を命ぜられる場合

(下線部は こうして覚えよう に使う部分です)

① (位置，構造，設備を) **許可**を受けずに変更したとき。
② **保安検査**を受けないとき (政令で定める屋外タンク貯蔵所と移送取扱所に対してのみ)
③ (位置，構造，設備に対する) **修理**，**改造**，**移転**などの命令に従わなかったとき (**措置命令違反**)。
④ **定期点検**の実施，記録の作成，保存がなされていないとき。
⑤ **完成検査済証の交付前**に製造所等を使用したとき。又は**仮使用**の承認を受けないで製造所等を使用したとき。

⑵ 使用停止のみ命ぜられる場合

① **危険物保安監督者**を選任していないとき，又はその者に「保安の監督」をさせていないとき。
② **危険物保安統括管理者**を選任していないとき又はその者に「保安に関する業務」を統括管理させていないとき。
③ 危険物の貯蔵，取扱い基準の**遵守命令**に違反したとき。
④ **危険物保安統括管理者**又は**危険物保安監督者**の解任命令に従わなかったとき。

この(1)と(2)の大まかな覚え方は，(1)は「施設関係」，(2)は「人関係」が中心の規定ということ。

また，「許可の取り消し」は(1)のみだが，「使用停止」は(1)と(2)の両方が適用される。

う〜ん……それだけでは，まだ，足りませ〜ん。

わかった，わかった。では，次のゴロ合わせを作ったので，下線部分を手がかりにして思い出すようにしてはどうかな？

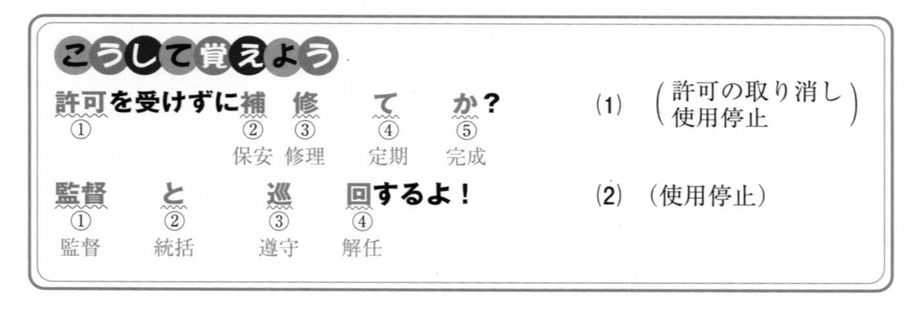

【例題 1】**法令上，市町村長等から製造所等の許可の取消しを命ぜられる事由として，次のうち誤っているものはどれか。**

(1) 製造所等の位置，構造又は設備を無許可で変更したとき。

(2) 危険物保安監督者を定めなければならない製造所等において，その者が取り扱うことができる危険物の取扱作業に関して，保安の監督をさせていないとき。

(3) 製造所に対する修理，改造，移転などの命令を受けたが，それに従わなかったとき。

(4) 完成検査済証の交付前に製造所等を使用したとき。

(5) 定期点検を行わなければならない製造所等において，点検を実施せず，点検記録を作成せず，また，保存しなかったとき。

解説

⑴ p. 93 **(1)** の ① に該当するので，**許可の取消し**を命ぜられる事由です。

⑵ 危険物保安監督者に保安の監督をさせていないときは，**(2)** の ① に該当するので，許可の取消しではなく，「**使用停止命令**」になります。

⑶ **(1)** の ③ に該当するので，許可の取消しを命ぜられる事由です。

⑷ **(1)** の ⑤ に該当するので，許可の取消しを命ぜられる事由です。

⑸ **(1)** の ④ に該当するので，許可の取消しを命ぜられる事由です。

【例題 2】 **市町村長等が行う製造所等の使用停止命令の発令理由に該当しないものは，次のうちどれか。**

⑴ 許可は受けたが，完成検査を受けずに給油取扱所を使用したとき。

⑵ 製造所等の譲渡又は引渡しを受けて，その旨を届け出なかったとき。

⑶ 危険物保安統括管理者を定めているが，当該危険物保安統括管理者に危険物の保安に関する業務を統括管理させていないとき。

⑷ 地下タンク貯蔵所において定期点検を実施し，記録も作成したが，保存していなかったとき。

⑸ 危険物保安統括管理者又は危険物保安監督者の解任命令に従わなかったとき。

解説

p. 93 **(1)** と **(2)** のどれかに該当すれば，使用停止命令の発令事由になります。⑴ は **(1)** の ⑤，⑶ は **(2)** の ②，⑷ は **(1)** の ④，⑸ は **(2)** の ④ に該当するので，使用停止命令の発令事由になりますが，⑵ はいずれにも該当しないので，これが正解です。

例題解答	【例題 1】⑵　　【例題 2】⑵

第2編

基礎的な物理学及び基礎的な化学

本文および問題には，ほぼ重要度に比例するように★★マーク（超重要），および★マーク（重要）を付けてあります（マークのない問題は「普通」の問題です）。

第1章 物理に関する基礎知識

1 物質の状態の変化 ★

ヒロ君，固体，液体，気体というのは，知ってるね？

そのくらい知ってますよ〜

ごめん，ごめん（笑） さて，その固体，液体，気体なんだが，物質はこの三つのうちのいずれかの状態で存在しているんだ。これを**物質の三態**（さんたい）といい，温度や圧力を変えることによって，固体から液体になったり，あるいは，気体から液体になったりするんだ。

その変化には次のように名前が付いているんだ。

① **固体**が**液体**に変化することを**融解**（ゆうかい）といい，逆に**液体**が**固体**に変化することを**凝固**（ぎょうこ）という（⇒固体が熱を**吸収**して液体に変わり，液体が熱を**放出**して固体に変わる）。

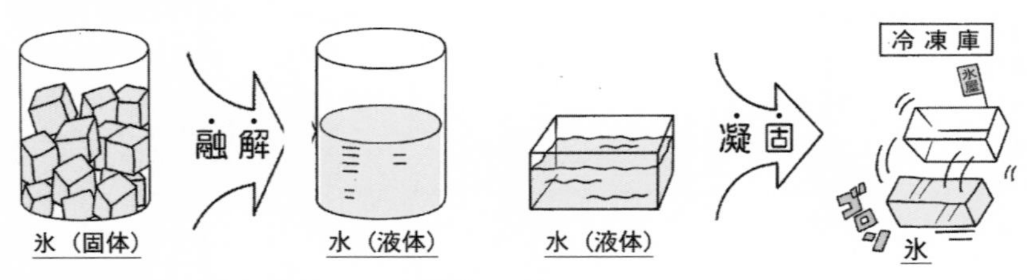

② **液体**が**気体**に変化することを**気化**（きか）（**蒸発**ともいう）といい，逆に**気体**が**液体**に変化することを**凝縮**（ぎょうしゅく）という（⇒液体が熱を**吸収**して気体に変わり，気体が熱を**放出**して液体に変わる）。

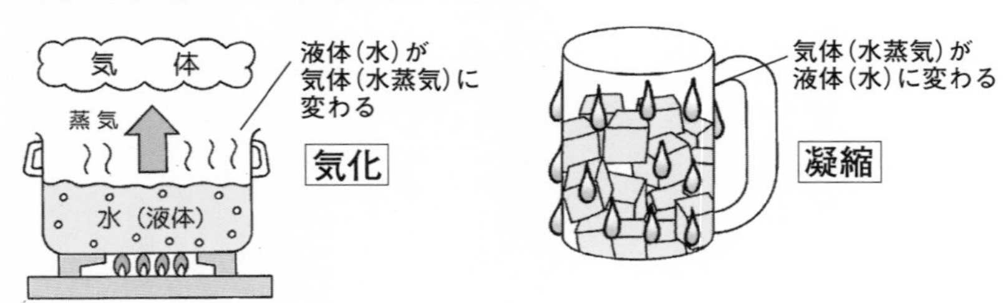

③　**固体**から直接**気体**に変化することを**昇華**(しょうか)といい，逆に**気体**から直接**固体**になることも**昇華**(しょうか)という。

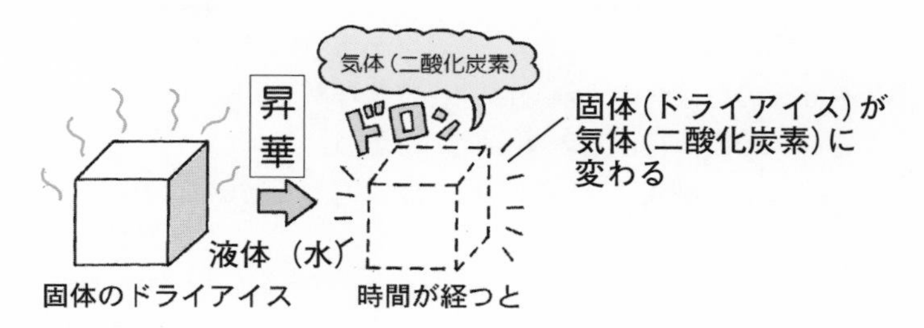

④　その他の物理変化

・**潮解**(ちょうかい)：固体が空気中の水分を吸って溶ける現象。

・**風解**(ふうかい)：潮解の逆現象。すなわち結晶水を含む物質が，その水分を失って粉末状になる現象。

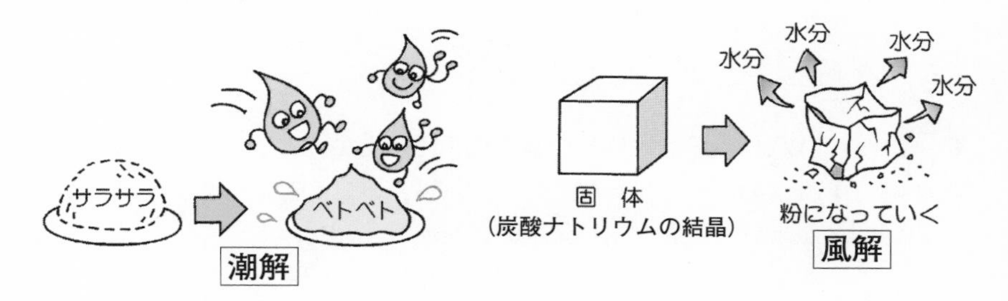

【例題 1】**物質の状態の変化について，次のうち誤っているものはどれか。**

(1)　水が水蒸気になることを蒸発といい，熱が放出される。

(2)　ドライアイスやナフタレンが徐々に小さくなったのは凝縮である。

(3)　水が氷になることを凝固といい，熱が吸収される。

(4)　かき氷が溶けたのは，融解である。

(5)　洗濯物が乾くのは蒸発である。

解説

(1)　p. 98 ② に該当するので，正しい。

(2)　ドライアイスやナフタレンが徐々に小さくなったのは，固体が直接，気体になったからであり，③ の**昇華**になります。

(3)　① に該当するので，正しい。

(4)　① に該当するので，正しい。

(5)　② に該当するので，正しい。

例題解答	■1 【例題 1】(2)

2 比重について

この比重そのものについては，あまり出題されていないが，次の第３編の危険物の性質では，これを理解していないと内容を把握できないので，ここで説明したいと思う。

従って，例題はないが，目だけは通しておいてほしい。

わかりました。

では，ヒロ君，灯油の比重は 0.8 なんだけど，この 0.8 は，何に対して 0.8 なのかな？

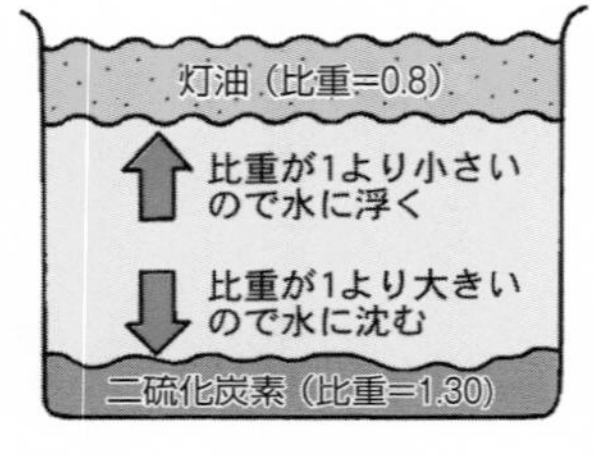

え～っと……，まさか空気？

ハハハ，灯油は空気の重さの 0.8 倍しかないのかい？　なんだ，それ（笑）そうじゃなくて，正解は，**水**なんだ。

つまり，灯油と同じ体積の水を比（くら）べるんだ。

具体的に言うと，たとえば，コップ一杯の灯油と同じコップ一杯の水の重さを比べたら，灯油の重さが水の 0.8 倍しか無い，ということなんだ。

仮に水の重さ*が 100g とすると，灯油はその 0.8 倍の 80g ということになる（＊正式には「質量（しつりょう）」という言葉を使います）。

また，水が基準なので，当然，水の比重は 1 になるが，**4℃** のときが一番大きい(重い)ので，できればこれも覚えておいてほしい。

ちなみに，ある物質の**蒸気**の重さが**空気**の何倍かを表したものを**蒸気比重**というんだ。こちらは基準が「空気」になる。

（注：「質量」は「重さ」と同じものと考えて下さい。）

重要

- **比重　＝ 物質の質量〔g〕 / 物質と同体積の水の質量〔g〕**
- **蒸気比重 ＝ 蒸気の質量〔g〕 / 物質と同体積の空気の質量〔g〕**

3 沸騰と沸点 ★

ここは簡単に説明するね。まずはヒロ君，次のイラストを見てほしい。

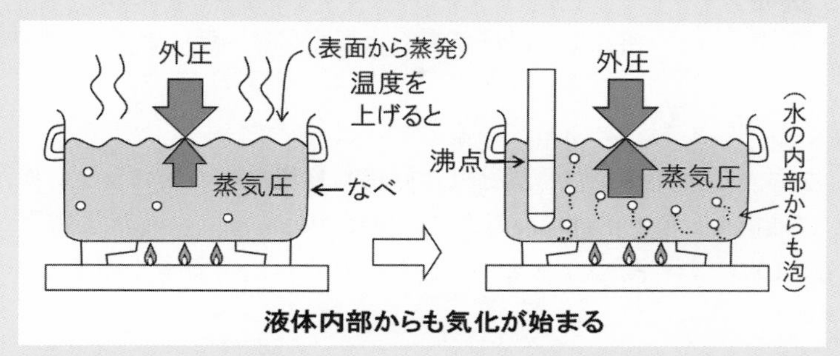

液体内部からも気化が始まる

お鍋に水を入れ加熱していくと，まずは左の図のように水の表面から蒸発し，やがて水の内部からも泡が発生する。この水の内部の蒸気圧力が最大になったときの圧力を「**飽和蒸気圧**」というんだ（下図）。それが右の図の上向きになっている矢印だ。

一方，目には見えないが，水には上からも空気の圧力を受けており，これを**大気圧**または**外圧**というんだ。

この上からの圧力と下からの圧力が等しくなったときに水の内部からも泡が発生する**沸騰**という現象が起こり，その時の温度を**沸点**というんだ。つまり，次のようになる。

沸点
⇒「液体の飽和蒸気圧＝外圧」の時の液温

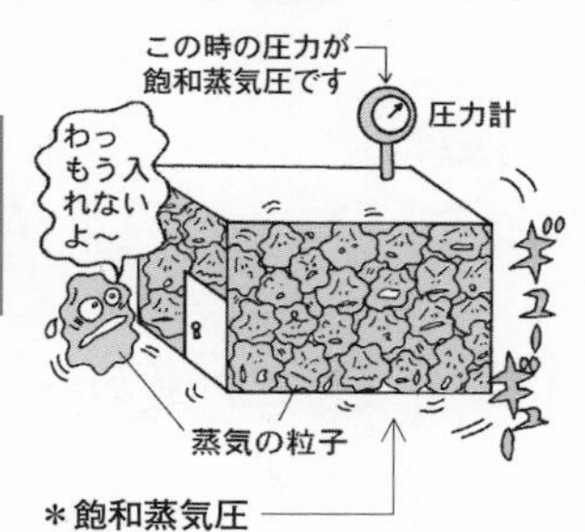

【例題 1】**沸点について，次のうち誤っているものはどれか。**

(1) 沸点は，加圧すると低くなり，減圧すると高くなる。
(2) 液体の沸点は，一般的に分子量の大きい物質ほど高い。
(3) 一定圧における純粋な物質の沸点は，その物質固有の値を示す。
(4) 液体の飽和蒸気圧が外圧に等しくなるときの液温を沸点という。
(5) 不揮発性物質が溶け込むと，液体の沸点は変化する。

解説

まず，外圧が高いと沸点も**高く**なり，低いと沸点も**低く**なります。

沸点は，外圧が高いと高くなり，低いと低くなる。

よって，⑴は逆になっているので，誤りです。

なお，⑸の不揮発性物質とは，**砂糖**や**食塩**などの蒸発しない物質のことで，水に砂糖や食塩が溶けていると，蒸気圧が低くなり（**蒸気圧降下**という），沸点は100℃より**高く**なります。（⇒それだけ，より多くの熱を加えなければならない。）

4 熱量(ねつりょう)と比熱(ひねつ) ★

ヒロ君，沸騰のところのお鍋なんだけど，どうしてお鍋が沸騰したのかな？

そりゃ…，火にかけたからでしょう。

ま，そうだな。その火の持つエネルギーを**熱量**(ねつりょう)というんだ。その熱量は，次のように，計算で求めることができるんだ。

熱量＝重さ×比熱×温度差〔J〕

こうして覚えよう

熱は，オ　オ（大）！　火か

熱量　温度差　重さ　比熱

例題解答　3【例題1】⑴

比熱というのは，**物質 1g の温度を 1K〔1℃〕上げるのに必要な熱量**をいうんだ（単位は〔J/(g・K)〕で表す）。

なお，温度のところの単位が K になっているが，これは**温度差**を表す時だけに使う単位で，ケルビンと読む。

また，単位は**ジュール〔J〕**または，その 1000 倍の単位である**キロジュール〔kJ〕**を用いる（**1kJ＝1000J**）。

この式を覚えていると，次のような問題が解けるんだ。

【例題 1】**0℃ のある液体 100g に 12.6kJ の熱量を与えたら，この液体は何℃になるか。ただし，この液体の比熱を 2.1〔J/g・K〕とする。**

え〜っと……，**熱量＝重さ×比熱×温度差〔J〕**だから，数字を並べると……

12.6＝100×2.1×温度差……になりますね。

それは間違い。ヒロ君，熱量の単位が J ではなく，kJ になってるだろう？

だから，12.6kJ を普通の J に直すために 1000 倍しないとダメなんだ。

従って，12.6×1000＝100×2.1×温度差……になるんだ。

わかりました。

従って，12600＝210×温度差，となり，

温度差＝12600÷210＝60K…となりました。

いいね！従って，最初の温度が 0℃ だから，0℃ に温度差の 60K を足して，0＋60＝**60℃** が答になる。

さて，比熱はだいたい理解できたと思うが，比熱が**物質 1g の温度を 1K〔1℃〕上げるのに必要な熱量**をいうのに対して，その**物質全体の温度を 1K〔1℃〕上げるのに必要な熱量**のことを**熱容量〔C〕**といい，単位は〔J/K〕で表すんだ。

よって，「物質 1g が比熱」で「物質全体が熱容量」だから，ヒロ君，比熱と熱容量の関係は？

え～っと……，比熱に物質全体の重さ（質量）をかけると熱容量になるんですか？

そうだ！いいぞ！
従って，次のような式になるんだ。

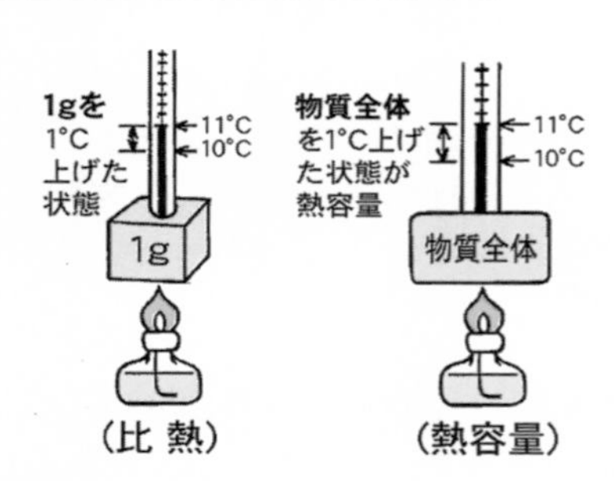

1

$C=m\times c$（熱容量＝物質の質量×比熱）

大文字の C が熱容量，小文字の $\underline{c}$ が比熱になるので，ややこしいが，この式はよく出題されているので覚えておくように。

2

- 比熱　〔c〕：**物質 1g の温度を 1K〔1℃〕上げるのに必要な熱量**
- 熱容量〔C〕：**物質全体の温度を 1K〔1℃〕上げるのに必要な熱量**

【例題 2】 **熱容量について，次のうち正しいものはどれか。**

(1)　物体の温度を 1K（ケルビン）だけ上昇させるのに必要な熱量である。
(2)　容器の比熱のことである。
(3)　物体に 1 J の熱を与えたときの温度上昇率のことである。
(4)　物質 1 kg の比熱のことである。
(5)　比熱に密度を乗じたものである。

解説

上の 重要 **2** の熱容量を参照

【例題 3】 **比熱が 2.5〔J/g・K〕である液体 100g の温度を 10℃ から 30℃ まで上昇させるのに要する熱量は，次のうちどれか。**

(1)　2.5 kJ　(2)　5.0 kJ　(3)　7.5 kJ
(4)　10.0 kJ　(5)　12.5 kJ

解説

熱量を求める式，**熱量＝重さ×比熱×温度差〔J〕**に，質量（重さ）＝100 g，比熱＝**2.5**〔J/g・K〕，温度差＝30－10＝**20**K，を代入すると，

熱量＝100×2.5×20＝5000 **J**＝5.0 **kJ**，となります。

5 熱の移動 ★

ヒロ君，p. 106の図の左端の図を見てほしい。ヤカンの底に火を当てているのに手で持つところの取手のあたりが熱くなっている絵なんだが，どうして取手が熱くなるのかな？

う～ん……火の炎がヤカンの金属の中を移動したから……ですか？

ハハハ，面白い発想だが，少しおしいなぁ…

この場合は，火が移動というよりは，**熱**がヤカンの底の高温部分から取手の低温部分へと移動したからであり，このような熱の移動を**伝導**というんだ。

一方，「ヤカンの中の水」は，お風呂を沸かすときに表面から熱くなるのと同じく，表面から熱くなる。これを難しく言うと，「**流体内にできた高温部と低温部による熱の移動**」となるんだが，このような熱の移動を**対流**というんだ（p. 106のまん中の図を参照）。

そして，最後に，今までのように熱を伝える金属が無くても熱が伝わることがあるんだ。

そんなことってあります？

たとえば，p. 106の右端の図のように「**天気の良い日に日光浴をしたら，身体が温まった**」ということがあるだろ？

これは，太陽の熱が空気中（空間）を直進して直接ほかのものに熱を与える現象で，このような熱の移動を**放射**というんだ。では，とりあえず例題をやってみよう。

例題解答 4【例題1】60℃　【例題2】(1)　【例題3】(2)

【例題 1】**熱の移動について，次のうち誤っているものはどれか。**

(1) ストーブに近づくと，ストーブに向いた方が熱くなるのは，放射熱によるものである。

(2) ガスコンロで水を沸かすと，水が表面から温かくなるのは熱の伝導によるものである。

(3) コップにお湯を入れると，コップが熱くなるのは，熱の伝導によるものである。

(4) 冷房装置で冷やされた空気により，室内全体が冷やされるのは，熱の対流によるものである。

(5) 太陽で地上の物が温められて温度が上昇するのは，放射熱によるものである。

解説

(1) ストーブを太陽に置き換えれば**放射熱**によるものとわかります。

(2) 「水が表面から温かくなる」のは**対流**です。

(3) 熱がお湯からコップに**伝導**したわけです。

(4) 熱が気体を介して移動しているので，**対流**になります。

(5) 太陽で温められるのは**放射**です。

6 熱膨張(ねつぼうちょう) ★

ヒロ君，簡単に話すけど，夏場，ガソリンの携行缶にガソリンを入れて炎天下に置いておくと，タンクがパンパンになっていることがあるんだ。これは，熱によってガソリンが膨張したからで（⇒**熱膨張**という），その増えた体積は次の式で求まるんだ。

こうして覚えよう

増加体積＝元の体積×体膨張率×温度差

たい　ぼ　お（待望）の体積増加

体積　膨張率　温度差

（空間を確保する理由
⇒体膨張による容器の破損を防ぐため）

説明するよりは，問題で解説した方が理解しやすいので，とりあえず例題をやってみよう！

【例題 1】 **内容積 1000 ℓ のタンクに満たされた液温 15℃ のガソリンを 35℃ まで温(あたた)めた場合，タンク外に流出する量として正しいものは次のうちどれか。ただし，ガソリンの体膨張率を $1.35\times10^{-3}\mathrm{K}^{-1}$ とし，タンクの膨張およびガソリンの蒸発は考えないものとする。**

(1) 1.35 ℓ　(2) 6.75 ℓ　(3) 13.50 ℓ
(4) 27.00 ℓ　(5) 54.00 ℓ

解説

ガソリンがタンクに満タンに入っているので，温(あたた)めて増えたガソリンの分だけがタンク外に流出する，ということをまずは，理解してください。よって，増えたガソリンは，

増加体積＝元の体積×体膨張率×温度差

元の体積は 1000 ℓ，体膨張率は 1.35×10^{-3}（K^{-1} は 1 度あたりという意味で，計算の際は無視する），温度差は，35℃ − 15℃ ＝ 20K なので，計算すると

例題解答　5【例題 1】(2)

増加体積＝元の体積×体膨張率×温度差

$= 1000 \times 1.35 \times 10^{-3} \times 20$

$= 1.35 \times 20$（注：10^{-3} は $\frac{1}{1000}$ のこと＊）

$= 27$（ℓ）となります。

7 静電気★

まず，言葉の意味から説明しておくね。電気を通しにくい物質のことを**不導体**（ふどうたい）とか**絶縁体**（ぜつえんたい）って言うのに対し，逆に電気を通しやすい物質のことを**導体**（どうたい）と言うんだ。

また，「帯電」（たいでん）というものも出てくるが，これは，電気（電荷）を持つ（帯びる）ことを言う。

さて，ヒロ君，下敷き（したじ）きで髪の毛をこすって少し離すと，髪の毛が下敷きにくっついたことがあったろう？

よく，やりました（笑）

これは，**静電気**によるもので，下敷きや髪の毛は電気を通さない不導体なんだ。その**2種類の電気の不導体を互いに摩擦すると，一方が正，他方が負に帯電する**ことから起こる現象なんだ。

つまり，下敷きに発生した負（ふ）（マイナス）の電気と髪の毛に発生した正（せい）（プラス）の電気が引き合うことから起こる現象ということ（⇒下図）。

冬場，この静電気が発生した手でドアノブを握ると“バチッ”と静電気の火花が飛ぶことがあるが，もし，周囲に可燃性蒸気があって引火すれば大変な事故になるので，注意が必要だ。

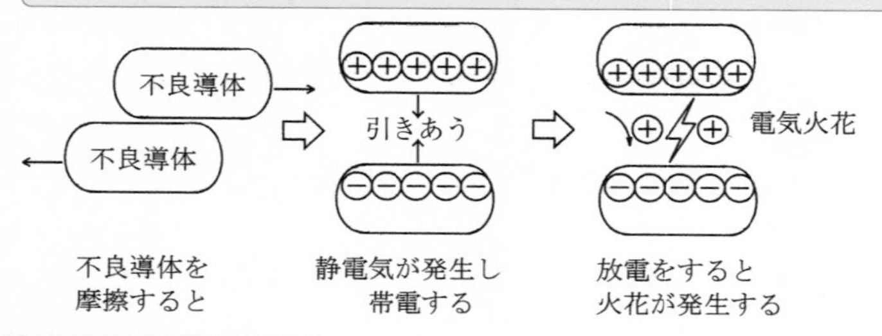

例題解答 6【例題1】(4)

この静電気で重要なのは，次の静電気を発生しやすい条件とそれを防ぐ方法だ。

(1) 静電気が発生しやすい条件

① 物体の**絶縁抵抗が大きい**ほど帯電しやすい（＝**不導体**に帯電しやすい）。

② ガソリンなどの石油類が，パイプやホース内を流れる時に発生しやすく，また，その**流速が大きい**ほど，発生しすい。

③ **湿度が低い**（乾燥している）ほど発生しやすい。

④ ナイロンなどの**合成繊維**の衣類は木綿の衣類より発生しやすい。

⑤ 物質の**接触面積が大きい**，**接触回数が多い**，**接触圧力が高い**，および接触状態のものを**急激に剥がす**ほど発生しやすい。

(2) 静電気の発生（蓄積）を抑える方法

(1)の逆をすればよい。すなわち

① 容器や配管などに**導電性*の高い材料**を用いる。

② 流速を**遅く**する。

③ 湿度を**高く**する（⇒下図（a））。

④ 合成繊維の衣服を避け，木綿の服などを着用する。

そのほか

○ **接地（アース）**をして，静電気を地面に逃がす（⇒下図（b））。

（＊導電性：電気を通しやすい性質のこと）

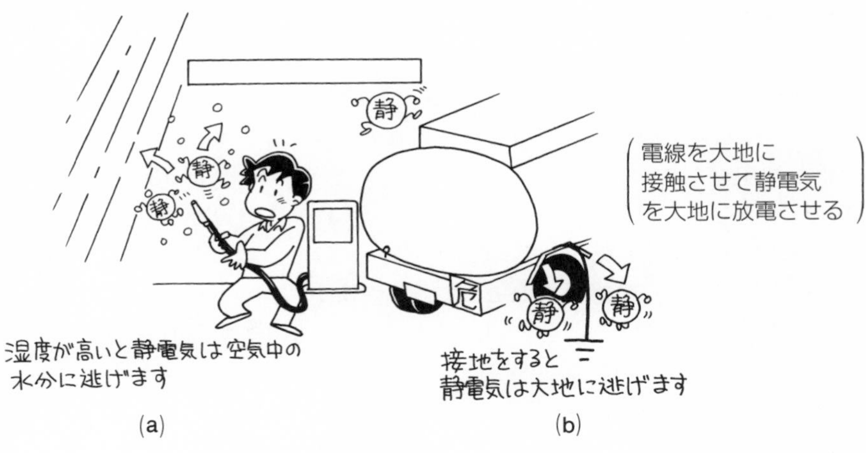

こうして覚えよう

湿度を高くすると，なぜ静電気が蓄積しないんだろう？

湿度が高い
⇩
空気中の水分が多い
⇩
静電気がその水分に移動する
⇩
したがって，蓄積が防止できる
というわけです。

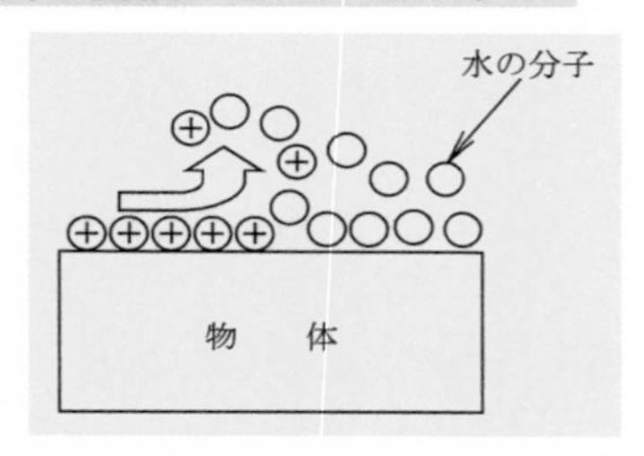

【例題 1】**静電気に関する次の記述について，誤っているものはどれか。**

(1) 湿度が低いほど帯電しやすい。
(2) 静電気の蓄積を防止するには，電気絶縁性をよくすればよい。
(3) 一般に合成繊維製品は，綿製品より帯電しやすい。
(4) 配管中を流れる流体（りゅうたい）に発生する静電気を抑えるには，管の径を大きくして，流速を小さくする。
(5) 物質の固有抵抗の大きいものほど帯電しやすい。

解説

(1) まず，湿度が高いと空気中の水分が多いので，静電気が発生してもその水分に放電するため，静電気の帯電を防げます。しかし，湿度が低いと，空気中の水分が少なく，静電気の逃げる場所が無くなるので，帯電しやすくなります（正しい）。
(2) 電気絶縁性は電気が通りにくい性質のことで，それをよくすれば電気が通りにくくなり，静電気が放電しにくくなります。よって，逆に静電気が**蓄積しやすく**なります（誤り）。
(4) 管の径を大きくする，つまり，管を太くすれば，**流速が小さく**なり，静電気が発生しにくくなるので，正しい。
(5) 固有抵抗（こゆうていこう）とは，**絶縁抵抗**のことで，その値が大きいものほど電気が通りにくくなり（＝逃げにくくなり），帯電しやすくなります（正しい）。

【例題 2】**液体危険物が静電気を帯電しやすい条件について，次のうち誤っているものはどれか。**

⑴　加圧された液体がノズル，亀裂等，断面積の小さな開口部から噴出するとき。

⑵　導電率の低い液体が配管を流れるとき。

⑶　液体相互または液体と粉体等とを混合・かくはんするとき。

⑷　直射日光に長時間さらされたとき。

⑸　液体が液滴（えきてき）となって空気中に放出されるとき。

解説

⑴　小さな開口部から噴出すれば流速が**大きく**なるので，帯電しやすくなります（正しい）。

⑵　導電率は，**電気の通りやすさ**を表し，それが低いということは，電気の通りにくい液体ということで，配管を流れれば静電気が帯電しやすくなります（正しい）。

⑶　液体どうしや液体と粉を混ぜたりすると，摩擦等により静電気が帯電しやすくなります（正しい）。

⑷　日光に長時間さらされたからといって静電気は帯電しません（誤り）。

⑸　液滴（えきてき）とは，つぶ状になった液体のことで，それが空気中に放出されるときは周りが空気で絶縁されているので，静電気が帯電しやすくなります。

【例題 3】**静電気により引火するおそれのある危険物を取り扱う場合の火災予防対策として，次のA～Dのうち，不適切なもののみを組合わせたものはどれか。**

A　作業者は，絶縁性の高い手袋や靴を着用する。

B　危険物を取り扱う容器を接地する。

C　取り扱う危険物の流速を大きくして，短時間で作業を終わらせる。

D　加湿や床への散水等により湿度を上げる。

E　導電性の高い作業衣を着用する。

⑴　AとB　　⑵　AとC　　⑶　BとC

⑷　BとD　　⑸　CとE

解説

A　絶縁性の高い手袋や靴を着用すると，発生した静電気が他へ放電しにくくなり，静電気が帯電しやすくなるので，不適切です（⇒**帯電防止靴**などを着用する）。

B　接地とは，洗濯機などの電気機器から電線を伸ばし，大地に接続することで，こうすることによって発生した静電気を大地に逃がし，静電気の帯電を防止することができるので，適切です。

C　配管内を流れる可燃性液体などの危険物の速度を大きくするほど静電気が発生しやすくなるので，不適切です。

D　湿度が高くなると，発生した静電気がその水分の方に放電するので，適切です。

E　導電性が高いと静電気が蓄積しにくくなるので，適切です。

従って，火災予防対策として不適切なのは，(2)のAとCになります。

これで物理が終りました。
おつかれ様でした。

例題解答　**7**【例題1】(2)　【例題2】(4)　【例題3】(2)

第2章 化学に関する基礎知識

1 物理変化と化学変化の違い ★

ヒロ君，キャンプファイヤーなんかで使う木炭（もくたん）を燃やすと灰になるだろう？

この元の木炭（もくたん）と燃えたあとの灰は同じ物質と言えるかな？

まったく別の物質に見えます。

そうだね。

このように，その変化によって**性質そのものが変化して別の物質になる変化を「化学変化」**というんだ。

一方，氷が解けて水になったからといって，水としての性質は変わらない。

このように，その変化によって**物質の状態や形が変わるだけで性質そのものは変化しない変化を「物理変化」**というんだ。

この２つの変化の意味を理解できたら，あとは，ただひたすら問題を繰り返して化学変化か物理変化を判断するのに慣れるだけだ。

【例題 1】**次のA～Eのうち，化学変化であるものはいくつあるか。**

A　ドライアイス（二酸化炭素を冷やして固体にしたもの）を放置しておくと昇華する。

B　ニクロム線に電気を通じると発熱する。

C　紙が濃硫酸に触れて黒くなった。

D　鉄がさびて，ぼろぼろになる。

E　ナフタレンが昇華した。

(1)　1つ　　(2)　2つ　　(3)　3つ

(4)　4つ　　(5)　5つ

解説

A，E ⇒ 二酸化炭素やナフタレンが固体から気体になっただけの**物理変化**。

B ⇒ ニクロム線が発熱しただけでニクロム線に変化はないので**物理変化**。

C ⇒ 黒いのは炭素で，紙が別の物質の炭素になったので，**化学変化**。

D ⇒ さびは鉄が酸化した酸化鉄で，別の物質になるので，**化学変化**。

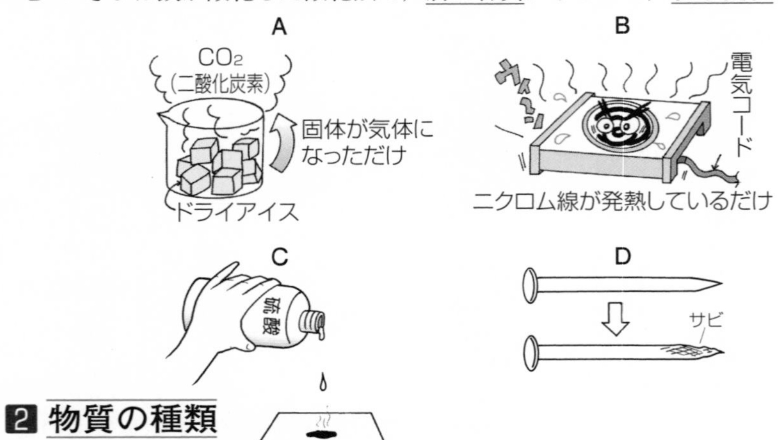

2 物質の種類

少し詳しく

ヒロ君，食塩水は何と何が混ざったものだと思う？

え～っと……，食塩と水？

そうだね。食塩と水が化学変化などせずに，単に混ざり合ったものだね。このような物質を**混合物**（こんごうぶつ）というんだ。

一方，その食塩だが，こちらの方は，主成分がナトリウム（Na）と塩素（Cl）が化学的に結合してできた物質で，このような物質を**化合物**というんだ。

また，そのナトリウムや塩素のように，1種類の元素（げんそ）*から成り立っている物質を**単体**（たんたい）っていうんだ。

（＊元素（げんそ）：物質の最も基本となる成分のこと）

以上の説明をもとに，次にその一例を表にまとめたので，この3つの違いをこの表で把握してもらいたい。

例題解答 1【例題 1】(2)（C，D）

単体	酸素，水素，炭素，窒素，オゾン，アルミニウム，硫黄，赤リン，黄リン，カリウム，ナトリウム，マグネシウム，鉄，銀，水銀，鉛，銅，塩，（注：**鉄のさび**は鉄と酸素の**化合物**なので，注意）
化合物	アンモニア，プロパン，二酸化炭素，アセトン，アルコール（エタノールなど），ベンゼン，水，食塩*（塩化ナトリウム），硫酸*など（＊**食塩水**は食塩と水の**混合物**，**希硫酸**は水と硫酸の**混合物**なので，注意）
混合物	石油類（ガソリン，灯油，軽油，重油，原油等），空気，希硫酸，牛乳，海水，食塩水など

【例題 1】**単体，化合物及び混合物の組合わせとして，次のうち正しいものはどれか。**

	単体	化合物	混合物
(1)	赤リン	酢酸	硫黄
(2)	炭素	食塩水	二酸化炭素
(3)	エタノール	鉄	メタン
(4)	黄リン	ベンゼン	灯油
(5)	プロパン	アルミニウム	水

解説

(1)硫黄(S)は**単体**です。(2)食塩水は，食塩と水の**混合物**，二酸化炭素（CO_2）は炭素(C)と酸素（O_2）の**化合物**です。(3)エタノール（C_2H_5OH）は**化合物**，鉄（Fe）は**単体**，メタン（CH_4）は**化合物**です。(5)プロパン（$CH_3CH_2CH_3$）は**化合物**，アルミニウムは**単体**，水は**化合物**です（⇒化合物は化学式で書けるが混合物は書けない）。

3 反応速度

ここはサラッといくよ。
化学反応にも速い反応と鉄が錆びていくときのように，非常に遅い反応があるんだ。
その反応速度は，次の3つが**高い**ほど反応速度も**速く**なるんだ。

例題解答 2【例題 1】(4)

重要

「**圧力，温度，濃度**」が**高い**（大きい）ほど反応速度も**速く**（大きく）なる。
（覚え方⇒あ　お　の　反応）
　　　　　圧力　温度　濃度

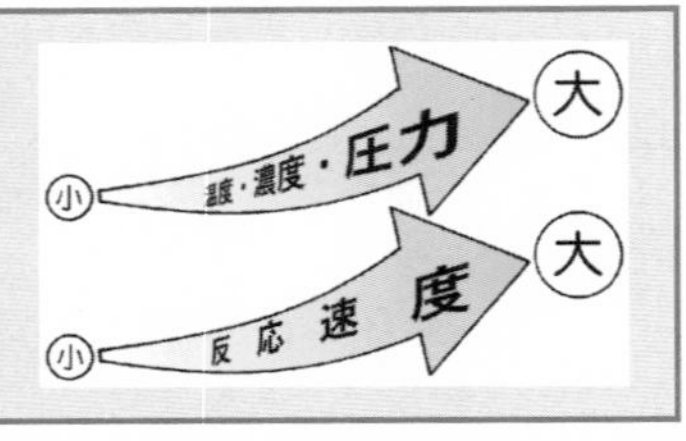

また，**触媒**（しょくばい）って聞いたことがあると思うんだけど，この触媒を加えても反応速度は**速く**なるんだが，ただし，触媒自身は反応の前後で変化はしないんだ。

【例題 1】一般的な物質の反応速度について，次のうち正しいものはどれか。

(1) 気体の混合物では，濃度は気体の分圧に反比例するので，分圧が低いほど気体の反応速度は大きくなる。
(2) 気体の分圧や溶液の濃度が大きいほど，粒子の衝突回数が増えるので，反応速度は小さくなる。
(3) 固体では，反応物との接触面積が大きいほど反応速度は小さくなる。
(4) 温度を上げれば，必ず反応速度は小さくなる。
(5) 反応物の濃度が高いほど，反応速度は大きくなる。

解説

(1) 分圧は混ざっている気体の圧力のことで，上の 重要 より，その圧力が低いほど気体の反応速度も遅く（**小さく**）なります。
(2) 同じく，分圧や濃度が大きい（**高い**）ほど，反応速度も**大きく**なります。
(3) 接触面積が大きいほど反応速度も**大きく**なります。
(4) 重要 より，温度を上げれば，反応速度は**大きく**なります。
(5) 重要 より，濃度が高いほど，反応速度も**大きく**なります。

【例題 2】……○×で答える

(1) 触媒は，反応速度に影響しない。
(2) 反応熱は，触媒の存在により大きくなる。

解説

(1) 触媒を用いると反応速度が速くなるので，誤り。
(2) 反応熱とは，化学反応の際に発生する熱のことで，重要にある「温度」とは異なるので，触媒があっても反応熱は大きくならない（誤り）。

4 酸と塩基

(1) 酸と塩基とは？

ヒロ君，梅干しを頭に思い描いてごらん。

うわ〜，何だか口の中が酸っぱくなってきちゃった。

その酸っぱいと感じるのはクエン酸という「酸」が出す**水素イオン**によるんだ。

このイオンというのは，電気を帯びた原子のことなんだけど，難しく考えないで，水素イオンというものが出るんだな，とだけ理解しておいてほしい。

このように，水に溶けて**水素イオン**(H^+で表す)を生じる物質(または他の物質に水素イオンを与える物質)のことを**酸**というんだ。

一方，この酸と反対の性質を持つ物質を**塩基**または**アルカリ**といい，酸とは逆に，他の物質から**水素イオン**を受け取ることができる物質，あるいは，水に溶けて**水酸化物イオン**（OH^-で表す）を生じる物質のことをいうんだ。

（この「水酸化物イオン」もそういう名前のものが出るんだな，とだけ理解してほしい）

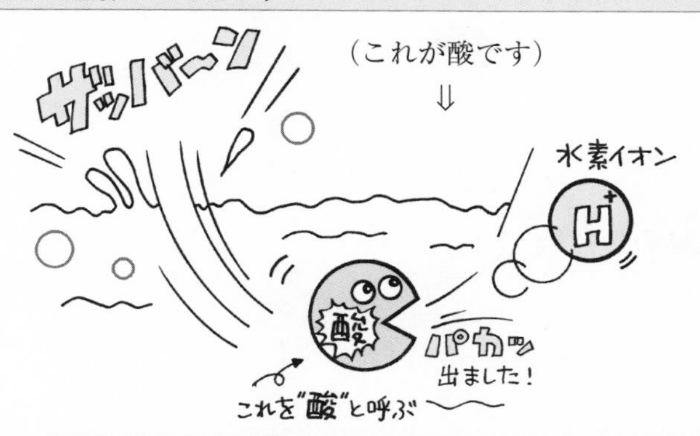

先生，この酸と塩基が混ざるとどうなるんですか？

例題解答 3【例題1】(5)　【例題2】(1) ×，(2) ×

今から言おうとしていたのに……（笑）

そう，この2つ，つまり，酸と塩基が反応して互いの性質を打消しあうことを**中和**（ちゅうわ）っていうんだよ。

(2) pH（ピーエイチ）とは？

pHは，ピーエイチと読み，先ほどの水素イオン濃度を表す数値で，**水素イオン指数**ともいい，図で表すと次のようになっているんだ。

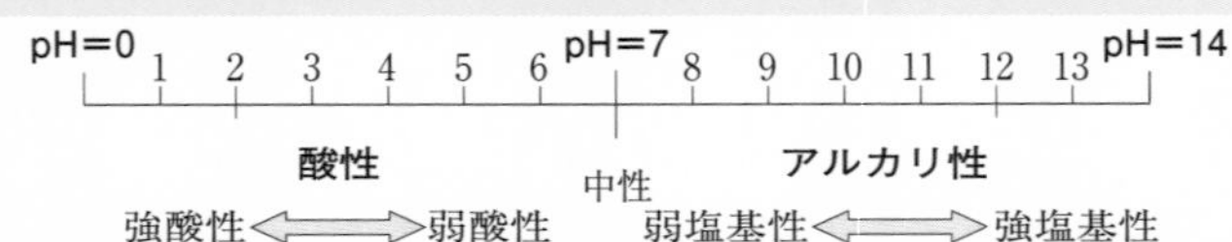

見てわかるとおり，0から7までが**酸性**，7から14までが**アルカリ性**（**塩基性**）で，pH7が**中性**になるんだ。

また，酸性は数値が**小さい**ほど**強く**なり，アルカリ性は逆に数値が**大きい**ほど**強く**なるんだ。

表　酸と塩基のまとめ

	酸	塩基
①　水溶液中で生じるイオン	水素イオン（H^+）	水酸化物イオン（OH^-）
②　リトマス試験紙	青→赤	赤→青
③　水溶液	酸　性	アルカリ性

【例題 1】酸と塩基の説明について，次のうち誤っているものはどれか。

(1) 酸とは，水に溶(と)けて水素イオン H^+ を生じる物質，または他の物質に水素イオン H^+ をあたえることができる物質をいう。

(2) 酸は，赤色のリトマス紙を青色に変え，塩基は，青色のリトマス紙を赤色に変える。

(3) 塩基とは，水に溶けて水酸化物イオン OH^- を生じる物質，または他の物質から水素イオン H^+ を受け取ることのできる物質をいう。

(4) 酸性・塩基性の強弱は，水素イオン指数（pH）によって表される。

(5) 中和とは，酸と塩基が反応し互いにその性質を打ち消しあうことをいう。

解説

(2)のリトマス紙については，学校などで経験があると思うので本文では説明しませんでしたが，p. 118 の表から，赤から青は，アルカリ性(塩基)になります。

（覚え方：(信号が) 赤から青 ⇒ 歩く ⇒ アルク ⇒ アルカリ性（塩基)）

従って，(2)の問題文は，正しくは次のようになります。

「酸は，青色のリトマス紙を**赤色**に変え，塩基は，赤色のリトマス紙を**青色**に変える」

【例題 2】次に示すイオン指数（pH）について，酸性かつ，中性に最も近いものはどれか。

(1) 2.0　　(2) 5.1　　(3) 6.8

(4) 7.1　　(5) 11.3

解説

p. 118 の図より，酸性なので，pH は 7 より小さいから「pH＝7」の地点より，左になります。また，中性は「pH＝7」なので，それに最も近いのは 6.8 ということになります。

5 酸化(さんか)と還元(かんげん) ★

ヒロ君，酸化って聞いたことがあるかな？

そうですね……確か，物質が**酸素と結びつく**ことでしたっけ？

そうだ！結びつくのを「化合（かごう）」というので，**物質が酸素と化合するのが酸化**になる。
では「酸素です」という覚え方は知ってるかな？

何ですか，それ？

ハハハ，知らないのも無理はない。
実は，酸化は物質が**酸素**と化合するだけではなく，**電子**や**水素**を失う反応のことも酸化というんだ。
そこで，酸素，電子，水素の上の文字だけを使った「ゴロ合わせ」を作ったんだ。

こうして覚えよう　**酸化とは？**

⇒「**酸素　で　す**」　（「酸素」と化合か「電子や水素」を失う反応）
　酸素　電子　水素

え～と……，**物質が酸素と化合する**か，物質が**電子や水素を失う**反応が酸化なんですね？

そうだ。「**酸素です**」で思い出してくれ。
次に，スーパーなんかで，よく「利益還元（かんげん）祭」とか「ポイント還元」って耳にするけど，この還元（かんげん）っていうのは，元の状態に戻すことをいうんだ。つまり，お客さんからもらった利益をお客さんに戻す，というわけだ。
同じように，酸素と化合した物質を**酸化物**というんだが，この酸化物から酸素を取り除いて元の物質に戻すことも**還元**っていうんだ。
つまり，酸素と結びつく酸化とは逆の反応になるので，**物質が酸素を失う**か，物質が**水素と化合する**（または**電子を得る**）反応が還元になるんだ。
これも「酸素です」を使って還元を説明してごらん。

例題解答　**4**【例題 1】(2)　【例題 2】(3)

え～っと……，酸化の場合とは逆になるので，「酸素です」の「酸素」⇒「**酸素を失う**」，「で」⇒「**電子を得る**」，「す」⇒「**水素と化合する**」が還元になる，というわけですね？

そうだ。正解！ちなみに，一般に「**酸化と還元は同時に起こる**」というのもポイントだ。

〈**酸化と還元のまとめ**〉

酸化	・酸素と化合する ・水素を失う ・電子を失う
還元	・酸素を失う ・水素と化合する ・電子を得る

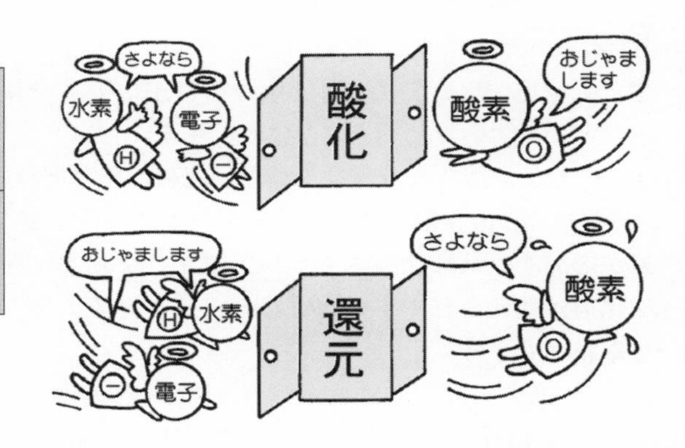

さて，最後に，**他の物質に酸素を与える物質**，つまり，酸化させる物質を**酸化剤**っていうんだ。酸化の説明で，「水素を失う」のも酸化って説明しただろ？従って，**他の物質から水素を奪う物質**も**酸化剤**になる（注：相手を**酸化**させると自分は**還元**される）。

一方，逆に，**他の物質から酸素を奪う物質**，または**他の物質に水素を与える物質**を**還元剤**というんだ（注：相手を**還元**させると自分は**酸化**される）。

	酸化剤	還元剤
①	他の物質に**酸素**を与える	他の物質から**酸素**を奪う
②	他の物質から**水素**を奪う	他の物質に**水素**を与える
③	他の物質から**電子**を奪う	他の物質に**電子**を与える
④	**還元されやすい**物質である。	**酸化されやすい**物質である。

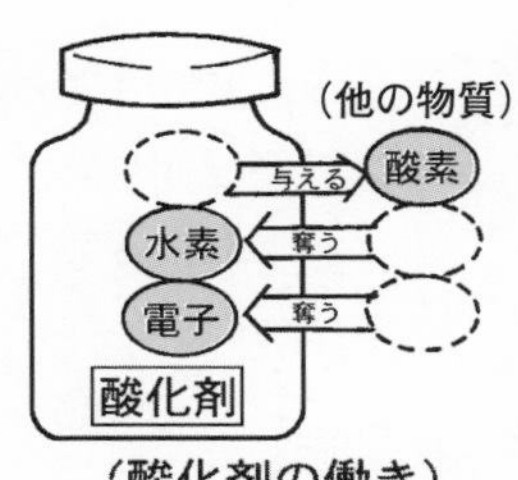

（酸化剤の働き）

【例題 1】**酸化と還元の説明について，次のうち誤っているものはどれか。**

(1) 物質が酸素と化合するか，または水素を失う反応を酸化という。

(2) 物質が水素と化合するか，または酸素を失う反応を還元という。

(3) 酸化剤は電子を受けとりやすく還元されやすい物質であり，反応によって酸化数が減少する。

(4) 同一反応系において，酸化と還元は同時に起こることはない。

(5) 反応する相手の物質によって酸化剤として作用したり，還元剤として作用したりする物質もある。

解説

(3) p. 121 の表より酸化剤は他の物質から電子を奪う ⇒（自分が）電子を受けとりやすい，ということになります。

(4) 一般に，酸化と還元は1つの反応において同時に起こります。

（注：(3) の酸化数は電子の数が基準より多いか少ないかを表す数値で，その値が**増加**すれば**酸化**，**減少**すれば**還元**となります。よって，p. 121 の表より，酸化剤は還元されやすい物質なので，下線部より，「還元＝酸化数の減少」となるわけです。）

【例題 2】**酸化剤と還元剤について，次のうち誤っているものはどれか。**

A 他の物質から水素を奪う性質のあるもの……………………………酸化剤

B 他の物質に水素を与える性質のあるもの……………………………還元剤

C 他の物質から酸素を奪う性質のあるもの……………………………酸化剤

D 他の物質に酸素を与える性質のあるもの……………………………酸化剤

E 他の物質から酸化されやすい性質のあるもの………………………還元剤

F 他の物質から還元されやすい性質のあるもの………………………酸化剤

(1) A と B　(2) A と C　(3) C

(4) B と F　(5) E

解説

p. 121 の表の ① より，C の他の物質から酸素を奪うということは，その物質が還元されてしまうので，**還元剤**になります。

なお，A は ②，B は ②，D は ①，E は ④，F は ④ を参照。

例題解答	5【例題 1】(4)　【例題 2】(3)

6 金属のイオン化傾向

少し詳しく

(1) イオン化傾向

ヒロ君，ちょっと難しい表現かもしれないが，そんなに深く考える必要はないので，聞いてほしい。
まず，＋（プラス）の電気を帯びた原子を陽（よう）イオンというんだが，金属が水溶液中で溶けてこの陽イオンになろうとする性質を**イオン化傾向**というんだ。
その傾向の大きい金属から順に並べたものを**イオン化列**といい，次のような順になる（イラストの下はそのゴロ合わせ）。

(Li＞)*＞K＞Ca＞Na＞Mg＞Al＞Zn＞[Fe]＞Ni＞Sn＞Pb＞ （⇐イオン化列）
(H_2) ＞Cu＞Hg＞Ag＞Pt＞Au＞
水素

（*リチウム（Li）を入れる場合もある）

イオン化傾向は左へ行くほど大きくなるんだよ

（大）←	カ	ソ	ウ	カ	ナ	マ	ア	ア	テ	ニ	ス	ナ
	カリウム			**カルシウム**	**ナトリウム**	**マグネシウム**	**アルミニウム**	**亜鉛**	**鉄**	**ニッケル**	**スズ**	**鉛**

ヒ	ド	ス	ギルハク	（シャッ）	キン	→（小）
(H_2)	**銅**	**水銀**	**銀**	**白金**	**金**	

K　カリウム	Ca　カルシウム	Na　ナトリウム
Mg　マグネシウム	Al　アルミニウム	Zn　亜鉛
Fe　鉄	Ni　ニッケル	Sn　スズ
Pb　鉛	Cu　銅	Hg　水銀
Ag　銀	Pt　白金	Au　金

⇒ 上に書いたカナは，一般的によく知られているゴロ合わせで，書き直すと，「貸そうかな，まあ当てにすな，ひどすぎる借金」となります。

(2) 金属の腐食

たとえば，鉄の腐食を防ぐ方法には，**エポキシ樹脂塗料**というもので完全に被覆（ひふく）（おおうこと）するなんて方法もあるが，鉄よりもイオン化傾向の大きい金属を接続するという方法もあり，そうすれば，そっちの方が先に溶けて，鉄の腐食を防ぐことができるんだ。

へー，それでは，先ほどのイオン化列を見れば，亜鉛（Zn）やナトリウム（Na）の方が鉄（Fe）より左にあり，大きいということだから，それらと接続すれば鉄は腐食しないってことですね？

そうだ。とりあえず，例のごとく例題をやってみよう！

【例題 1】**鉄よりイオン化傾向の大きなものは，次のうちいくつあるか。**

マグネシウム，銀，カリウム，白金，亜鉛

(1) 1つ　(2) 2つ　(3) 3つ　(4) 4つ　(5) 5つ

解説

鉄よりイオン化傾向の大きなものは，イオン化列において鉄（Fe）より左にある金属なので，マグネシウム（Mg），カリウム（K），亜鉛（Zn）の3つが該当します。

【例題 2】**地中に埋設された危険物配管を電気化学的な腐食から防ぐのに異種金属を接続する方法がある。配管が鋼製（こうせい）（鉄）の場合，防食（ぼうしょく）効果のあるものは，次のうちいくつあるか。**

「鉛，マグネシウム，亜鉛，ニッケル，銅，銀，アルミニウム」

(1) 1つ　(2) 2つ　(3) 3つ　(4) 4つ　(5) 5つ

解説

まず，防食とは金属が錆（さ）びて腐（くさ）るのを防ぐことをいいます。さて，配管が鋼製，つまり，鉄なので，【例題 1】と同じく鉄(Fe)よりイオン化傾向の大きい金属を接続すれば，その金属の方が先に溶けて鉄の腐食を防ぐことができます。従って，マグネシウム（Mg），亜鉛（Zn），アルミニウム（Al）の3つになります。

（鉛（Pb），ニッケル（Ni），銅（Cu），銀（Ag）は鉄よりイオン化傾向が小さいので，鉄の方が先に腐食してしまう。）

7 有機化合物

一般に炭素を含む化合物を**有機化合物**，含まない化合物を**無機化合物**というんだが，この有機化合物は奥が深いので，入門編ではポイントだけをさらっといくよ。

① 有機化合物は，一般に可燃性で，燃焼すると**二酸化炭素**と**水**が発生する（不完全燃焼すると，**一酸化炭素**が発生する）。

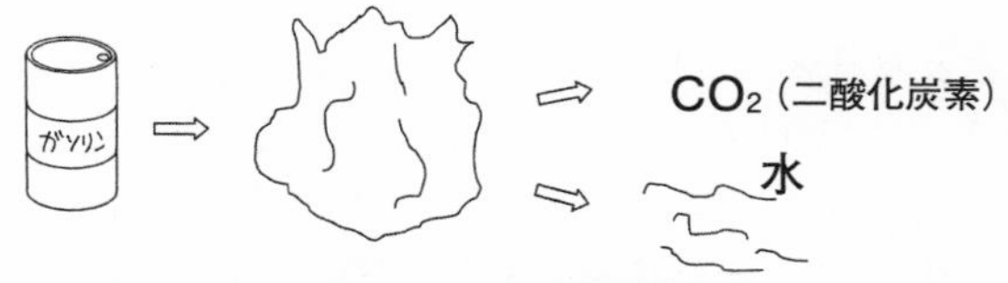

② 一般に水に溶けにくいが，**有機溶媒**（ベンゼンなど他の物質を溶かす物質のこと）にはよく溶ける。

③ 一般に，（無機化合物に比べて）**融点**および**沸点**が低い。
（・融点：固体が溶けて液体になる温度　・沸点：沸騰する時の温度）

例題解答 6【例題 1】(3)　【例題 2】(3)

【例題 1】有機化合物の一般的性状について，次のうち誤っているものはどれか。

⑴　有機化合物の成分元素は，主に炭素，水素，酸素，窒素である。

⑵　有機化合物は，鎖式（さしき）化合物と環式（かんしき）化合物の２つに大別される。

⑶　有機化合物の多くは，水に溶けにくい。

⑷　有機化合物は，無機化合物に比べ融点または沸点の低いものが多い。

⑸　有機化合物は，一般に不燃性である。

解説

ポイント①より，有機化合物は一般に可燃性（かねんせい）（燃えやすい性質）です。

【例題 2】有機化合物の一般的性状について，次のうち誤っているものはどれか。

⑴　有機化合物が不完全燃焼すると，二酸化炭素が発生する。

⑵　第一級アルコールを酸化するとアルデヒド（－CHO）になる。

⑶　アルデヒドを酸化するとカルボン酸（－COOH）になる。

⑷　第二級アルコールを酸化すると，ケトン（>CO）になる。

⑸　第４類危険物の多くは有機化合物である。

解説

有機化合物が不完全燃焼すると，**一酸化炭素**が発生します（完全燃焼すると，二酸化炭素と水蒸気（水）を発生する）。

なお，⑵から⑷は意味がわからないかもしれませんが，とにかく，酸化していくと，**第一級アルコール ⇒ アルデヒド ⇒ カルボン酸**になり，**第二級アルコール ⇒ ケトン**になる，とだけ頭に入れておいてください。

（第一級アルコールの覚え方 ⇒ 一級アルコールはアカん）。

ア…アルデヒド
カ…カルボン酸

これで物理と化学はおしまいです。
おつかれ様でした。

例題解答　**7**【例題 1】⑸　【例題 2】⑴

第3章 燃焼の基礎知識

1 燃焼について ★★

ヒロ君，酸化反応って何だっけ？

物質が**酸素**と化合すること，でしたっけ。

そうだったね。その酸化反応だが，「**熱**と**光**の発生を伴う**酸化反応**」のことを**燃焼**というんだ。
たとえば，紙をライターで燃やすと紙が分解して可燃性ガスを発生し，そのガスが酸素と反応して熱や光を発して燃えるんだ。
従って，酸素と結合できるというのが燃焼の条件のうちの一つなので，例えば，一酸化炭素（CO）は酸素と結合して二酸化炭素（CO_2）になれるため，燃焼できるが，二酸化炭素（CO_2）はこれ以上酸素と結合できないので，燃焼はできない。

燃焼

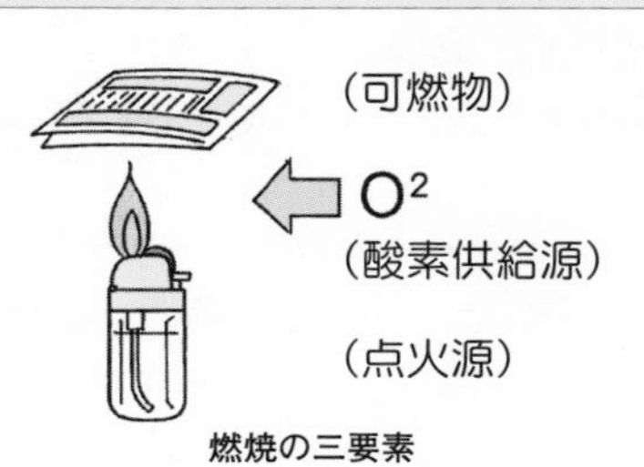

燃焼の三要素

ヒロ君，では，その燃焼を起こさせるためには，何が必要か，先ほどの紙をライターで燃やす場合を例に考えてごらん。

え～っと……，紙とライターですかね？

う～ん，先ほど，酸化とは，物質が酸素と化合すること，と言ったね？

あ，そうでした。酸素が含まれている空気が必要です。

そうだ。この3つ，すなわち，燃えるもの（紙）と空気およびライターなどの火が必要だね。

この燃えるものを**可燃物**，空気を**酸素供給源**，およびライターなどの火を**点火源**というんだ。この「**可燃物**，**酸素供給源**，**点火源（熱源）**」の三つを**燃焼の三要素**といい，このうちどれ一つが欠けても燃焼は起こらないんだ。

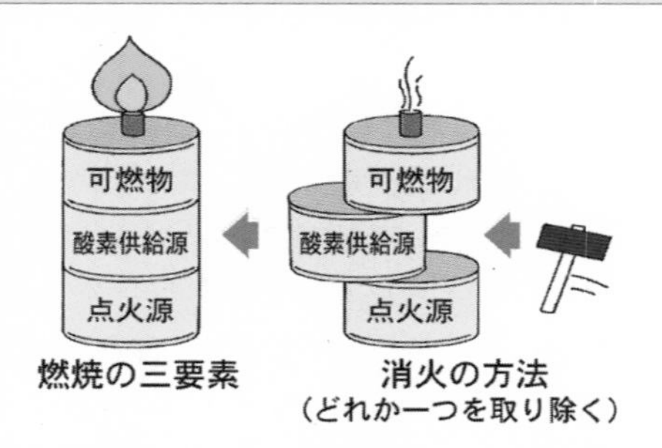

燃焼の三要素　　消火の方法（どれか一つを取り除く）

こうして覚えよう

燃焼の三要素

燃焼を　さ　か　て（逆手）にとれば消火になる

酸素　可燃物　点火源

逆に言うと，消火をするためにはこのうちのどれか一つを取り除けば燃焼が継続できない，ということになる。

【例題 1】**燃焼について，次のうち誤っているものはどれか。**

(1) 燃焼とは，熱と光の発生を伴う急激な酸化反応である。

(2) 可燃物は，空気中で燃焼すると，より安定な酸化物に変わる。

(3) 有機物の燃焼は，酸素の供給が不足すると一酸化炭素を発生し，不完全燃焼となる。

(4) 一般に，液体および固体の可燃物は，燃焼による発熱により加熱されて蒸発または分解し気体となって燃える。

(5) 燃焼に必要な酸素供給体は空気であり，物質中に含まれている酸素では燃焼しない。

解説

p. 121 の酸化剤で学習しましたが，相手の物質を酸化させる**酸化剤**も酸素を供給する性質があるので，酸素供給体は空気以外にもあることになります。

【例題 2】**燃焼について，次のうち誤っているものはどれか。**

(1) 燃焼に必要な酸素供給源として，過マンガン酸カリウムや硝酸(しょうさん)カリウムなど酸化性物質が使われることがある。

(2) 線香やタバコなどのように炎を出さずに燃える燃焼を無炎(むえん)燃焼という。

(3) 可燃物を粉状にすると，空気との接触面積が大きくなり，塊状(かいじょう)（固まっている状態）のものより熱が伝導しにくくなるので，燃焼しやすくなる。

(4) 吸熱の酸化反応でも燃焼現象を示すものがある。

(5) 気化熱や融解熱は点火源にならない。

解説

燃焼は熱を発生する酸化反応なので，熱を吸収する吸熱の酸化反応は燃焼現象にはなりません。

【例題 3】**次の組合せのうち，燃焼が起こらないものはどれか。**

(1) 電気火花 ………………… 一酸化炭素 …………………… 空気

(2) 静電気火花 ……………… ヘリウム ……………………… 酸素

(3) ライターの炎 …………… 水素 …………………………… 空気

(4) 衝撃火花 ………………… 二硫化炭素 …………………… 酸素

(5) 酸化熱 …………………… 天ぷらの揚げかす …………… 酸素

解説

燃焼の三要素（**可燃物**, **酸素供給源**, **点火源**）がそろっているかを確認します。

(1) 電気火花は**点火源**，一酸化炭素は CO であり，酸素と結びついて二酸化炭素になるので**可燃物**，空気は**酸素供給源**になります。

(2) 静電気火花は**点火源**ですが，ヘリウムは不活性ガスなので不燃物(ふねんぶつ)（燃えないもの）であり，燃焼は起こりません。

(3) ライターの炎は**点火源**，水素は**可燃物**，空気は**酸素供給源**になります。

(4) 衝撃火花は**点火源**，二硫化炭素は**可燃物**，酸素は**酸素供給源**になります。

(5) 天ぷらの揚げかすを重ねたりして置いておくと，酸化熱により熱が蓄積し，やがて発火点まで達すると，発火して燃焼することがまれにあります。（結果的に酸化熱が**点火源**となっている）

例題解答 ■1 【例題 1】(5)　【例題 2】(4)　【例題 3】(2)

2 燃焼の種類★

ヒロ君，前の章では燃焼というものを習ったけど，たき火のときの木が燃える燃焼と灯油ストーブの灯油が燃える燃焼は同じ燃焼と思うかな？

そうですね……炎を見る限りは同じようには見えちゃいますね。

ま，確かにそうかもしれないが，実は，木のような固体と灯油のような液体では燃焼の仕方が違うんだよ。

へ～，そうなんですか。

うん。どう違うかというとのは，次の説明を見てほしい。

(1) 液体の燃焼

○ **蒸発燃焼**：液面から**蒸発**した可燃性蒸気が空気と混合して燃えるので**蒸発燃焼**という（p. 131 の図参照）。

例）**ガソリン，アルコール類，灯油，重油**など

(2) 固体の燃焼

① **分解燃焼**：可燃物が加熱されて**熱分解**し，その際発生する可燃性ガスが燃えるので**分解燃焼**という（p. 131 の図参照）。

例）**紙，木材，石炭，プラスチック**などの燃焼

内部燃焼（自己燃焼）：分解燃焼のうち，その可燃物自身に含まれている**酸素**によって燃える燃焼を**内部燃焼**という（p. 131 の図参照）。

例）**セルロイド，ニトロセルロース**など

② **表面燃焼**：①の分解燃焼のように熱分解も蒸発もせず，可燃物の**表面**だけが燃えるので，**表面燃焼**という（p. 131 の図参照）。

なお，線香のように炎が出ないけど燃える燃焼を**無炎燃焼**（むえん）といい，これも表面燃焼に含まれる。

例）**木炭，コークス，金属粉**など

③ **蒸発燃焼**：液体の蒸発燃焼は，可燃性蒸気が空気と混合して燃えるが，固体の蒸発燃焼は，加熱して蒸発した可燃性蒸気が燃えるという燃焼をいう。

例）**硫黄，ナフタレン，固形アルコール**などの燃焼

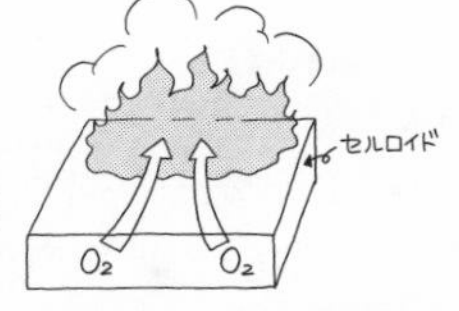

(1) 蒸発燃焼　**(2) の①　分解燃焼**　**(2) の①　内部燃焼**　**(2) の②　表面燃焼**

なお，最後に，**気体の燃焼**だが，車のエンジンのように，可燃性ガスと空気が，あらかじめ混ざり合って燃焼することを**予混合燃焼**（よこんごう）と言うので，できれば，覚えておいてほしい。

【例題 1】燃焼に関する説明として，次のうち誤っているものはどれか。

(1)　木炭は，熱分解や気化することなく，そのまま高温状態となって燃焼する。これを表面燃焼という。

(2)　硫黄は，融点が発火点より低いため，融解し，さらに蒸発して燃焼する。これを分解燃焼という。

(3)　エタノールは，液面から発生した蒸気が燃焼する。これを蒸発燃焼という。

(4)　石炭は，熱分解によって生じた可燃性ガスが燃焼する。これを分解燃焼という。

(5)　ニトロセルロースやセルロイドは，分子内に酸素を含有し，その酸素が燃焼に使われる。これを内部燃焼という。

解説

(1)　木炭は，表面だけが燃える表面燃焼なので，正しい。

(2)　硫黄は固体ですが，蒸発して燃焼をするので**蒸発燃焼**です。

(4)　正しい。なお，石炭は**分解燃焼**であり，(1) の木炭は**表面燃焼**なので注意して下さい。

3 引火点（いんかてん），発火点（はっかてん），燃焼範囲（ねんしょうはんい）★★

ヒロ君，絶対やっちゃいけないんだけど，仮にだ，缶の中にガソリンを入れてガスコンロで熱を加え続けるとどうなると思う？

う～ん…爆発する？

うん，爆発というより，可燃性蒸気の周りに火の気がないのに勝手に燃え出すんだよ。

この温度のことを**発火点**といい，ガソリンの場合は **300℃** になる。

一方，－50℃ の場所でマッチを擦ってもガソリンには火がつかないんだが，－40℃ の場所では火が着くんだ。

このように火の気（**点火源**）があれば燃える最低の温度を**引火点**といい，ガソリンの場合は，**－40℃ 以下**となっている。

要するに，引火点の場合，温度が引火点に達してもマッチなどで点火さえしなければ燃えないが，発火点に達すると点火源がなくても発火する危険が生じる，ということ。

さて，ヒロ君，**燃焼範囲**という言葉があるんだが，このガソリンの場合の燃焼範囲はわかるかな？

そりゃ…－40℃ から 300℃ でしょう。

ハハハ（笑）引っかかったな。そう言うと思ったよ。

まずは，次の図を見てくれ。これは，ガソリンが燃える範囲を表しているんだが，ガソリンの蒸気が 1.4vol%から 7.6vol%の間でしか燃えないんだ。この範囲を**燃焼範囲**と言うんだ。

従って，発火点の 300℃ は関係ないんだよ。

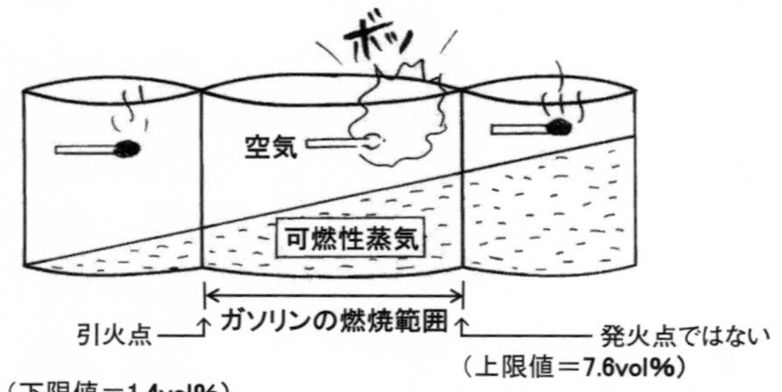

例題解答 2【例題 1】(2)

vol%は，「ボリュームパーセント」と読み，たとえば，1.4vol%というのは，全体を100とすると，100のうちガソリン蒸気が1.4%で残り98.6%が空気，という体積を表す記号なんだ。

つまり，引火点，発火点というのは（液体の）**温度**で表すんだが，燃焼範囲は**体積**で表すということ。

なお，燃焼範囲の最小値を**下限値**（かげんち）（**下限界**（かげんかい）），最大値を**上限値**（じょうげんち）（または**上限界**（じょうげんかい））といい，下限値のときの温度が**引火点**になるんだ。

ここをよく覚えておくように。

では，上限値のときの温度が発火点になるんですか？

それは違う！そこはよく間違うので，要注意だ。燃焼範囲の上限値と発火点は無関係だ（p.132図参照）。

さて，引火点，発火点は，次のように表現されるので注意が必要だ。

重要

●**引火点**とは，可燃性液体の表面に点火源をもっていった時，引火するのに十分な濃度の蒸気を液面上に発生している時の，**最低の液温**のことをいう。

（または，**引火点**とは，可燃性液体が燃焼範囲の**下限値**の濃度の蒸気を発するときの液体の温度をいう。）

●　**発火点**とは，可燃物を空気中で加熱した場合，**点火源がなくても**発火して燃焼を開始する時の，**最低の温度**をいう。

【例題1】**引火点について，次のうち誤っているものはどれか。**

⑴　可燃性液体が，燃焼下限値の濃度の蒸気を発するときの液体の温度を引火点という。

⑵　引火点より低い液温では，燃焼するのに必要な濃度の可燃性蒸気は発生しない。

⑶　引火点は，物質によって異なる値を示す。

⑷　可燃性液体の温度がその引火点より高いときは，火源により引火する危

険がある。

(5) 引火点に達すると，液体表面からの蒸発のほかに，液体内部からも気化が起こり始める。

解説

「液体内部からも気化が起こり始める。」というのは，**沸騰**に関する説明です。

【例題 2】**引火点と発火点の説明について，次のうち誤っているものはどれか。**

(1) 引火点とは，可燃性液体が空気中で点火したとき，燃えだすのに必要な濃度の蒸気を液面上に発生する最低の液温のことをいう。

(2) 発火点とは，可燃物を加熱した場合に，火源なしに，自ら発火し始める最低の温度をいう。

(3) 同一可燃性物質においては，一般に引火点は発火点より高い温度である。

(4) 燃焼点とは，可燃性液体が燃焼を継続できる最低の液温をいう。

(5) 引火点は，測定方法，装置の形，大きさ，材質，加熱方法，試料の量などにかかわらず，ほぼ一定の数値であるが，発火点は，それらの条件に大きく影響を受けるので，一定の数値とはならない。

解説

(3) 誤り。問題文は逆で，一般に発火点の方が引火点より高い温度になっています。

(4) 引火後**5秒間**燃焼が継続する最低の温度を**燃焼点**といい，引火点より数℃程度高いのが一般的です。

4 自然発火 ★

ヒロ君，天ぷらのカスを溜(た)めておいた容器から火が出た，なんて聞いたことない？

あ……，確か小学校の時に何かの授業で先生から聞いた覚えがあります。

例題解答	3 【例題 1】(5)　【例題 2】(3)

あれは，高温のままの天かす（揚げカスという地域もある）を積み上げると，その余熱で空気中の酸素と結合して酸化され，その際発生する熱（**酸化熱**という）が蓄積することによって，やがて発火点に達して燃えるという現象なんだ。まずは，次の例題をやってみよう。

【例題 1】 **次の文の(A)，(B)に当てはまる語句を答えなさい。**

「自然発火とは，他から火源を与えないでも，物質が空気中で常温（20℃）において自然に(A)し，その熱が長時間蓄積されて，ついに(B)に達し，燃焼を起こすに至る現象である。」

解説

上の説明からわかると思いますが，(A)には「発熱」，(B)には「発火点」が入ります。

この自然発火なんだが，第 4 類危険物では，**動植物油類**（どうしょくぶつゆ）にその危険性があり，中でも，**アマニ油**，**キリ油**などの**乾性油**と呼ばれる乾きやすい油ほど自然発火しやすくなるんだ。

少し詳しく

- 自然発火の原因となる熱
  ⇒ **酸化熱**，**分解熱**，**吸着熱**（きゅうちゃくねつ），**重合熱**（じゅうごうねつ），**発酵熱**（はっこうねつ）など
- ヨウ素価 ⇒ 乾きやすさを表すもので，油脂 **100g** が吸収するヨウ素のグラム数で表したもの

5 燃焼の難易（なんい）

ヒロ君，新聞紙を固く丸めた場合と一面を広げた場合だと，どちらが燃えやすい？

そりゃ…広げた場合でしょ。

そうだな。これは，広げた方が**空気と接触する面積が増える**からなんだ。

これは，金属は固まりの状態では中々燃えないが，細かい粉末（**金属粉**）にすると燃えやすくなるのと同じなんだ。

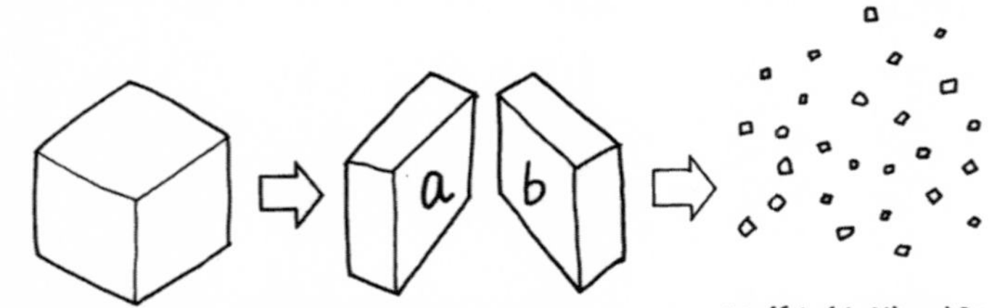

このように，物質には燃えやすくなる状態というものがあり，それは，次のような場合になる。

① **空気**との**接触面積**が**広い**。
② **周囲の温度**が**高い**（⇒温度上昇が早くなるため）。
③ **酸化されやすい**（⇒酸素と結びつき易いため）。
④ **燃焼範囲**が**広い**（⇒広い方が燃えやすい状況が増えるため）。
⑤ **発熱量**（物質が燃焼する時に出す熱）が**大きい**（⇒温度上昇が速いため）。
⑥ **引火点**，**発火点**が低い（⇒低い方が引火や発火し易い状況が増えるため）。
⑦ **熱伝導率**が**小さい**（熱が逃げにくいので⇒温度が上昇⇒燃えやすい）。
⑧ **水分が少ない**（乾燥しているため）。

以上，何で燃えやすくなるかは，理由を考えればわかると思う。

なお，⑦の熱伝導率というのは，熱の伝わりやすさを表す数値で，その数値が**小さい**ほど熱が伝わりにくくなり，その結果，熱がたまり，燃えやすくなるんだ。

例題解答 **4**【例題 1】(A)：発熱，(B)：発火点

【例題 1】危険物の性状について，燃焼のしやすさに直接関係のない事項は，次のうちどれか。

(1) 引火点が低いこと。
(2) 発火点が低いこと。
(3) 酸素と結合しやすいこと。
(4) 燃焼範囲が広いこと。
(5) 気化熱（きかねつ）が大きいこと。

解説

気化熱は蒸発熱ともいい，水を沸騰させると蒸気になるときのように，液体を気体に変化させるときに必要な熱のことで，燃焼のしやすさとは直接関係がありません。その他，**体膨張率**（たいぼうちょうりつ）（熱によって体積が増える割合を表したもの）というものも燃焼のしやすさとは直接関係がないので，注意してください。

【例題 2】次の組合せのうち，一般に可燃物が最も燃えやすい条件はどれか。

	発熱量	酸化されやすさ	空気との接触面積	周囲の温度	熱伝導率
(1)	小さい	されやすい	大きい	高い	小さい
(2)	大きい	されやすい	小さい	高い	大きい
(3)	大きい	されにくい	小さい	低い	小さい
(4)	大きい	されやすい	大きい	高い	小さい
(5)	小さい	されにくい	小さい	低い	大きい

解説

燃えやすくなるのは，p. 136の⑤より，発熱量は**大きい**ほど，③より，**酸化されやすい**ほど，①より，空気との接触面積は**大きい**ほど，②より，周囲の温度は**高い**ほど，⑦より，熱伝導率は**小さい**ほど，燃えやすくなります。

例題解答 5 【例題 1】(5)　【例題 2】(4)

第4章 消火の基礎知識

1 消火の三要素 ★★

ヒロ君，燃焼の三要素は覚えてるかな？

え～っと……，覚え方は燃焼を「さかて……」だから，酸素供給源，可燃物，点火源……並べ替えて，**可燃物，酸素供給源，点火源**でしたね？

正解！　従って，このうちのどれか1つを取り除けば逆に消火をすることができるんだったね？

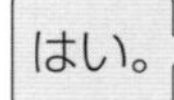

消火についても消火の三要素というのがあるんだ。

それは，燃焼の三要素の各要素に対応して，**除去消火**，**窒息消火**，**冷却消火**というんだ。

・**除去消火**というのは，可燃物を除去して消火をするという**除去効果**による方法で，ガスの火を，元栓を閉めることによって消すのは，ガスの供給を停止（除去）することによる消火なので，この除去消火になる。

・**窒息消火**というのは，**酸素の供給**をしゃ断することによる**窒息効果**によって消火をする方法で，二酸化炭素消火剤による消火は，酸素の濃度を低くすることによる消火なので，この窒息消火になる。

・**冷却消火**というのは，水などにより燃えている物の温度を引火点以下に下げて，燃焼ができないようにして消火をする方法で，水をかけて消火するのは，冷却効果による消火なので，この冷却消火になる。

ガスの元栓を閉める
（⇒除去消火）

燃えているフライパンの
ふたを閉める
（⇒窒息消火）

水をかけて冷却する
（⇒冷却消火）

〈燃焼の三要素と消火の三要素の関係〉

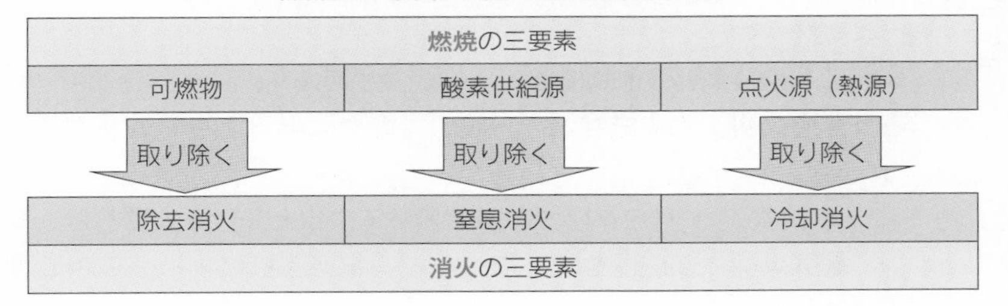

【例題 1】**消火について，次のうち誤っているものはどれか。**

(1) 可燃物，酸素供給源，エネルギー（発火源）を燃焼の三要素といい，このうち，どれか1つを取り除くと消火することができる。

(2) 燃焼は，可燃物の分子が次々と活性化され，連続的に酸化反応して燃焼を継続するが，この活性化した物質（化学種）から活性を奪ってしまうことを負触媒効果という。

(3) 一般に空気中の酸素を一定濃度以下にすると，消火することができる。

(4) 化合物中に酸素を含有する酸化剤や有機過酸化物などは，空気を断って窒息消火するのが最も有効である。

(5) 水は，燃焼に必要な熱エネルギーを取り去るための冷却効果がある。

解説

(2) 消火の三要素にこの負触媒効果を入れて**消火の四要素**という場合があります。

(3) **窒息消火**の説明です。なお，一定濃度というのは，約 14vol%です。

(4) 化合物，つまり，物質中に酸素があれば，空気を断ってもその物質中の酸素で燃焼を継続することができるので，窒息消火では不適切です。

2 消火剤 ★★

消火剤の問題は，少々込み入った感があるので，少し詳しくに入れているけど，その前に「火災の種類」は必ず学習しておかなければならないんだ。

どうしてですか？

消火器は，火災の種類に応じて使い分けしなければならないからなんだ。
さて，その火災の種類には，次の3つがあるんだ。

・**普通火災**：木や紙など，一般の可燃物による火災で**A火災**ともいう。
・**油火災**：ガソリンなどの引火性液体による火災で**B火災**ともいう。
・**電気火災**：変圧器やモーターなどの電気設備による火災で**C火災**ともいう。

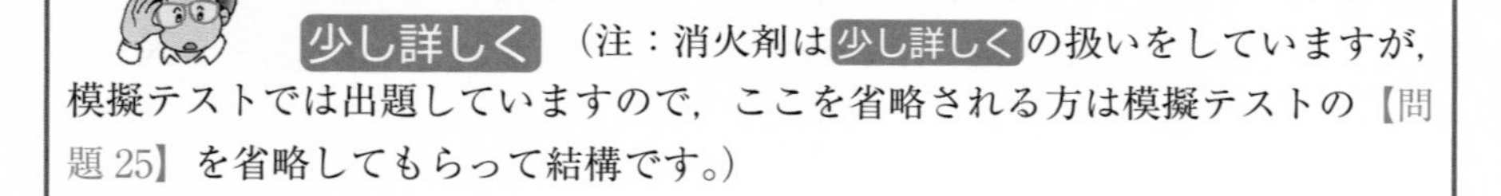

少し詳しく（注：消火剤は少し詳しくの扱いをしていますが，模擬テストでは出題していますので，ここを省略される方は模擬テストの【問題25】を省略してもらって結構です。）

消火剤には次の6種類がある。
それぞれの特徴を次にまとめておいたので，あとは例題で理解を深めてほしい。
なお，消火剤と適応火災及び消火効果をp. 142の表2にまとめたので，表も見ながら例題を解いていってね。

例題解答	1【例題1】(4)

消火剤の種類と特徴　重要

表 1

消火剤の種類	特　徴
水消火剤	・**比熱，気化熱（蒸発熱）が大きい**ので**冷却効果**も大きい。 ・流動性がよく，燃焼物に長く付着できない。 ・油，電気火災に使用できない（**霧状**の場合は電気火災に適応）。
強化液消火剤	・**炭酸カリウムの濃厚な水溶液**である。 ・**冷却効果**で消火する（**霧状**(きりじょう)は**抑制効果**もある）。 ・**霧状**(きりじょう)にすると，**A，B，C 火災すべてに適応**する。 ・**棒状**(ぼうじょう) **強化液**は普通火災にしか適応しない。
泡消火剤	・燃焼面を泡で覆う**窒息効果**及び**冷却効果**で消火する。 ・水溶性液体の消火には**耐アルコール泡**を用いる。
ハロゲン化物(かぶつ)消火剤	・ハロゲン化物の**負 触媒**(ふしょくばい) **作用（抑制作用）**と**窒息作用**により消火。 ・消火後の**汚損**(おそん)**が少ない**。
二酸化炭素消火剤	・燃焼物を二酸化炭素（炭酸ガス）で覆うことによる**窒息効果**で消火をする。 ・**長期貯蔵が可能**で，消火による機器等への**汚損も少ない**。 ・密閉された室内では，**酸欠状態になる危険性**がある。
粉末（ABC）消火剤	・**リン酸アンモニウム**を主成分とし，**抑制**(よくせい)と**窒息作用**によりすべての火災に適応する。

強化液消火器

機械泡消火器

二酸化炭素消火器

粉末消火器

〈適応火災と消火効果のまとめ〉

表2

		①主な消火効果			②適応火災		
水	棒状	冷却			普通		
	霧状	冷却			普通		電気
強化液	棒状	冷却			普通		
	霧状	冷却		抑制	普通	油	電気
泡		冷却	窒息		普通	油	
二酸化炭素			窒息			油	電気
ハロゲン化物			窒息	抑制		油	電気
粉末（ABC）消火剤			窒息	抑制	普通*	油	電気

（＊炭酸水素塩類のものは適応しない）

【例題1】**消火剤とその消火効果について，次のうち誤っているものはどれか。**

(1) 粉末消火剤は，無機化合物を粉末状にしたもので，燃焼を化学的に抑制する効果や窒息効果がある。

(2) 泡消火剤は，泡によって燃焼物を覆うので窒息効果があり，油火災に適応する。

(3) 二酸化炭素消火剤は，不燃性の気体で窒息効果があり，気体自体に毒性はないので狭い空間でも安心して使用できる。

(4) 強化液消火剤（霧状）は，燃焼を化学的に抑制する効果と冷却効果があるので，水に比べて消火後の再燃防止効果がある。

(5) 水消火剤は，比熱と蒸発熱が大きいため冷却効果があり，棒状あるいは霧状に放射して使用される。

解説

(1) 表2の①より，粉末消火剤のところが窒息と抑制となっているので，正しい。

(2) 同じく，泡を見ると，窒息効果と油火災の表示があるので，正しい。

(3) 同じく，二酸化炭素を見ると，窒息効果があるので，狭い空間で使用すると，酸欠事故を起こすおそれがあるため，誤りです。

(4) 同じく，強化液（霧状）を見ると，抑制効果と冷却効果があるので，正しい。

例題解答 2【例題1】(3)

第３編

危険物の性質並びに
その火災予防及び消火の方法

　本文および問題には，ほぼ重要度に比例するように★★マーク（超重要），および★マーク（重要）を付けてあります（マークのない問題は「普通」の問題です）。

第1章 危険物の分類

	性質	状態	燃焼性	主な性質
1類	**酸化性**固体（火薬など）	固体	不燃性	① そのもの自体は**燃えない**が，**酸素**を多量に含んでいて，**他の物質を**酸化**させる**性質がある。 ② **加熱**，**衝撃**，**摩擦**などにより分解し，容易に酸素を放出して可燃物を**発火**，**爆発させる**おそれがある。
2類	**可燃性**固体（マッチなど）	固体	可燃性	① 酸化**されやすい可燃性の固体**である。 ② **着火**，または**引火**しやすい。 ③ 燃焼が**速く**，消火が困難。
3類	**自然発火性**および**禁水性物質**（発煙剤など）	**液体**または**固体**	可燃性（一部不燃性）	① 自然発火性物質⇒空気にさらされると**自然発火**する危険性があるもの ② 禁水性物質⇒水に触れると**発火**，または**可燃性ガス**を発生するもの ③ 多くは**自然発火性**と**禁水性**の両方を有する（一方のみの性状のものもある）
4類	**引火性液体**	**液体**	可燃性	引火性のある液体
5類	**自己反応性物質**（爆薬など）	**液体**または**固体**	可燃性	① 分子内に酸素を含んでおり，他から酸素の供給がなくても燃焼する自己反応性＊がある（＊自身に含む酸素を使って燃焼すること） ② 加熱や衝撃などで**自己反応**を起こすと，発熱または爆発的に燃焼する（⇒自己燃焼）。
6類	**酸化性**液体（ロケット燃料など）	液体	不燃性	① そのもの自体は燃えないが，酸化性**の強い液体**で，**無機化合物**である。 ② 有機物と混合すると，**発火**，**爆発する**おそれがある ③ 多くは**腐食性**があり，**皮膚**をおかす。

うわ～！先生，こんないっぱい，一辺に覚えられないですよ……

と言うと思ったよ（笑）
確かに，いきなりこんな表を見せられたんなら，そう思うのも無理はない。

しかし，毎度のことながら，出題されているのは同じポイントが多いんだ。

そのポイントを説明していこう。

まず，**第1類危険物**と**第6類危険物**は第2編，第2章の5.酸化と還元でも習ったけど**酸素**を含んでいる**酸化剤**なんだ。

従って，自分自身は燃えないけれど，加熱，衝撃，摩擦等を与えると**酸素**を放出するおそれがあり，**有機物**（ゆうきぶつ）などの燃えるものと混合や接触したりすると，酸素を与えて発火や爆発をさせてしまう性質があるんだ。なお，両者の違いは，**第1類**は**固体**，第6類は**液体**であるということ。

次に，**第2類**は花火の原料となる**硫黄**などが該当し，**酸化されやすく，着火されやすい可燃性の固体**だ。
第3類危険物は，表に書いてあるとおり，**空気**や**水**に触れるだけで**発火**したりするきわめて危険性が高い物質で，かつてはマッチの原料だった黄リンが該当する。

なお，下線部の性質を**自然発火性**や**禁水性**と言い，ほとんどの第3類危険物には両方の危険性がある。
第5類危険物については，ダイナマイトの原料になるニトログリセリンがこの第5類で，分子内に酸素を含んでいるので，酸素が無くても自分の酸素を使って燃えることができるという**自己燃焼性**があるため，非常に危険な物質だ。

以上，ポイントを説明してきたけれど，まとめると，①その類の性質，②その類が液体か固体か，③その類が燃えるか燃えないか，ということになる。

それをゴロ合わせにした次のようなものがあるので，気に入ったら使ってもらいたい。

こうして覚えよう

① 各類の性質

（第４項は省略しています）

（危険物の分類をしていた）

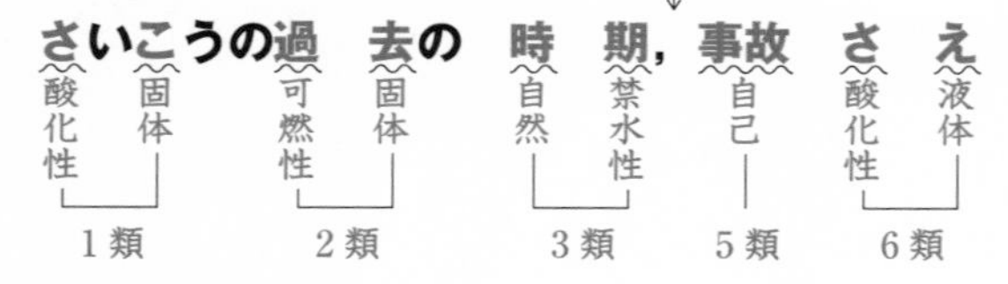

さいこうの過　去の　時　期，事故　さ　え　無かった

さい	こ	過	去	時	期	事故	さ	え
酸化性	固体	可燃性	固体	自然	禁水性	自己	酸化性	液体
１類		２類		３類		５類	６類	

１類⇒酸化性固体

２類⇒可燃性固体

３類⇒自然発火性および禁水性物質

４類⇒引火性液体

５類⇒自己反応性物質

６類⇒酸化性液体

② 各類の状態

固体のみは１類と２類，

液体のみは４類と６類

⇒　（危険物の本を読んでいたら）

固いひと　に

固体　１類　２類

駅で　無　視された

液体　６　４

③ 不燃性のもの

燃えない　イチ　ロー

１類　６類

⇒　不燃性は１類と６類

【例題 1】**危険物の類ごとに共通する性状について，次のうち正しいものはどれか。**

(1) 第1類の危険物は，可燃性の気体である。
(2) 第2類の危険物は，可燃性の固体である。
(3) 第3類の危険物は，可燃性で強酸の液体である。
(4) 第5類の危険物は，酸化性の固体または液体である。
(5) 第6類の危険物は，可燃性の固体または液体である。

解説

(1) 「**燃えないイチ　ロー**」より，第1類は不燃性で，また「**固いひとに**」(1類) より，**固体**です。
(2) 第2類は可燃性で，かつ「**固いひとに**」より，**固体なので**，正しい。
(3) 第3類は，**自然発火性**と**禁水性**で，「**液体または固体**」です。
(4) 第5類は，**自己反応性**の固体または液体です。
(5) 第6類は，「**燃えないイチ　ロー**」(6類)「**駅**で**無　視**」(液)(6類) より，**不燃性**で**液体**です。

【例題 2】**危険物の類ごとに共通する性状について，次のうち誤っているものはどれか。**

(1) 第1類の危険物は，酸素を物質に含有しており，加熱，衝撃，摩擦等により酸素を放出するおそれがある。
(2) 第2類の危険物は，酸化剤と接触または混合すると，発火，爆発するおそれがある。
(3) 第3類の危険物は，多くが自然発火性と禁水性の両方の危険性を有する。
(4) 第5類の危険物は，燃焼速度が大きく，燃焼時に衝撃波を伴(ともな)うことがある。
(5) 第6類の危険物は，有機物を混ぜると，これを還元させ，自らは酸化する。

解説

第6類は，**酸化剤**（液体）であり，有機物などの燃えるものを混ぜると，相手に酸素を与えて（または相手の水素を奪って）**酸化**させます（自らは還元されます）。

【例題 3】**第1類から第6類の危険物の性状について，次のうち誤っているものはどれか。**

⑴　同一の物質であっても，形状および粒度によって危険物になるものとならないものがある。

⑵　不燃性の液体または固体で，酸素を分離し他の燃焼を助けるものがある。

⑶　液体の危険物の比重は1より小さいが，固体の危険物の比重は1より大きい。

⑷　危険物には単体，化合物および混合物の3種類がある。

⑸　分子内に酸素を含んでおり，他から酸素の供給がなくても燃焼するものがある。

解説

⑵「酸素を分離し他の燃焼を助けるもの」とは，第1類や第6類の**酸化剤**のことであり（液体は第6類，固体は第1類），正しい。

⑶　液体の危険物でも比重が1より大きい（⇒水より重い）二硫化炭素（にりゅうかたんそ）やグリセリンなどがあるので，誤りです。

⑸「分子内に酸素を含んでおり，他から酸素の供給がなくても燃焼をする」というのは，**第5類**の危険物なので，正しい。

例題解答　【例題 1】⑵　【例題 2】⑸　【例題 3】⑶

第2章 第4類危険物に共通する性質

この共通する性質（特性）もよく出題されているんだ。
共通する性質といっても，「蒸気は空気より重い」など，すべてに共通する性質もあるにはあるが，ほとんどは「こういうものが多い」という内容だ。とりあえずは，その内容を見てもらおう。

●第4類危険物に共通する性質

① 常温*（20℃）で**液体**（液状）である。（＊平常の温度のこと）

② いずれも**引火点**を有する（⇒**引火性**である。**引火性の液体**である）。

③ **非水溶性****のものが多い（＊＊水溶性は水に溶けるもの，非水溶性は水に溶けないもの）。

④ 液体の比重は，1より**小さい**ものが多い（⇒水より**軽い**ものが多い）。

⑤ 蒸気は**低所**に滞留し，また，遠くへ流れる。

⑥ 一般に，電気の**不良導体**（電気をほとんど通さない物体）であり，静電気が蓄積されやすく，静電気の火花放電によって引火することがある。
（例外⇒**アセトン**，**アルコール類**，**酢酸**などは電気を通す**導体**なので，ほとんど静電気は発生しない）

⑦ 流動性が高く，火災になった場合に拡大する危険性が大きい。

⑧ 一般に**自然発火**はしないが，**動植物油類**の**乾性油**には自然発火性がある。

第4類の蒸気は**低所**に滞留します！

①　　⑤

以上がベースとなるものだ。

これらは，本試験で出題された文章をほとんどそのまま並べてあるので，試験対策としては，合格への近道になるかもしれない。

ただ，試験では，これに尾ひれを付けて少しわかりにくくしたものも出題される可能性もあるが，これらの基本を覚えておけば，十分対応できるはずだ。

なお，③と④については，その例外となる物質，つまり，「**水に溶けるもの**」と「**水より重いもの**」が重要な出題ポイントなので，「第4類危険物で特徴のあるもの」とともに次にまとめておいたので，できるだけ覚えておいてもらいたい。

〈第4類危険物の共通の特性〉

(1)　水より重いもの（比重が1より大きいもの）

エチレングリコール，クロロベンゼン，二硫化炭素，ニトロベンゼン，クレオソート油，アニリン，酢酸，グリセリン

（エーテルと区別するため「グ」を付けた）

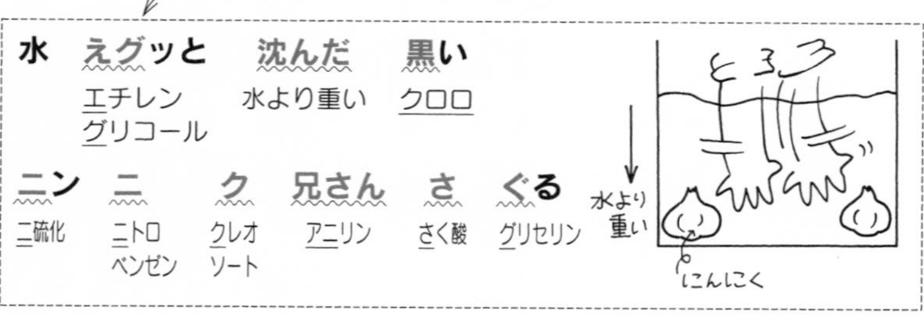

(2)　水に溶けるもの（水溶性のもの）

アルコール，アセトアルデヒド，アセトン，エーテル（少溶），エチレングリコール，酢酸，グリセリン，ピリジン，酸化プロピレン

ア！　エ　サ！　と　グ　ッ　ピー　が　言いました

ア：アの付くもの
エ：エの付くもの
サ：酸の付くもの
グ：グリセリン
ピ：ピリジン

エサを早くちょうだい！
エッサ エッサ
グッピー

(3) **第4類危険物で特徴のあるもの**

・**引火点が最も低い**危険物 ⇒ **ジエチルエーテル（−45℃）**
・**発火点が最も低い**危険物 ⇒ **二硫化炭素（90℃）**
・第4類危険物は**静電気**が帯電しやすいが，水溶性危険物（**アセトン**，**アルコール**，**酢酸**など）は静電気が帯電しにくい。
・**重合***する性質がある危険物 ⇒ **酸化プロピレン**，**アクリル酸**
・**自然発火**のおそれがある危険物 ⇒ 動植物油類の**乾性油**
（＊重合⇒分子量の小さな物質が次々と結びついて分子量の大きな物質になること）

【例題1】第4類の危険物の性状について，次のうち誤っているものはどれか。

(1) 引火性の液体である。
(2) 発火点は，ほとんどのものが100℃以下である。
(3) 引火の危険性は，引火点が低いほど高い。
(4) 液体の比重は，1より小さいものが多い。
(5) すべて可燃性で，常温ではほとんどのものが液状である。

解説

(2) 巻末資料1（p. 227の表を見てください。発火点の欄を見ると，100℃以下なのは二硫化炭素の90℃だけであり，その他は100℃以上なので，誤りです。
(3) 引火点が低いほど，より低い温度でも引火するので，危険です。

【例題2】第4類の危険物の性状について，次のうち誤っているものはどれか。

(1) 非水溶性のものは，流動，かくはんなどにより静電気が発生し，蓄積しやすい。
(2) 水溶性のものは，水で薄めると引火点が低くなる。
(3) 可燃性蒸気は低所に滞留しやすく，また，遠方まで流れることがある。
(4) 液温が高いほど，可燃性蒸気の発生量は多くなる。
(5) 沸点の低いものは，引火しやすい。

解説

(2) 水溶性のものは，水で薄めると蒸気の圧力が低くなります。蒸気の圧力が低くなると，可燃性蒸気が蒸発しにくくなります。蒸発しにくくなれば，引火するまでそれだけ温度を高くしなければならないので，引火点は逆に**高く**なります。

(5) 沸点の低いもの（⇒低い温度で沸騰するもの）ほど可燃性蒸気が発生しやすくなるので，引火しやすくなります。

例題解答 【例題 1】(2)　【例題 2】(2)

第3章　第4類危険物の貯蔵，取扱い

この「貯蔵，取扱い」もよく出題されているんだ。

そりゃあ，危険物取扱者は危険物を取り扱うんだから，当然なんじゃないですか？

ハハハ，言われてみれば確かにそうだな。
その貯蔵，取扱いなんだけど，ガソリンなどの引火性液体を貯蔵したり，取り扱う際には，当然，**火気**や**加熱**は避けるのが当たり前だよね？ここでは，そういう常識的なのは省略し，少し考えてしまうような注意事項だけ説明しておくからね。

なるほど。わかりました。

さて，そのポイントだが，次の4点だ。

① 容器は若干の空間容積を確保して**密栓**（密封）をし（⇒可燃性蒸気の発生を抑えるため），直射日光を避け**冷所**に貯蔵する。

⇒・空間容積を確保するのは液温上昇によって，危険物が体膨張をするため。
・冷所に貯蔵するのは，液温が上がると引火の危険性が生じるため。

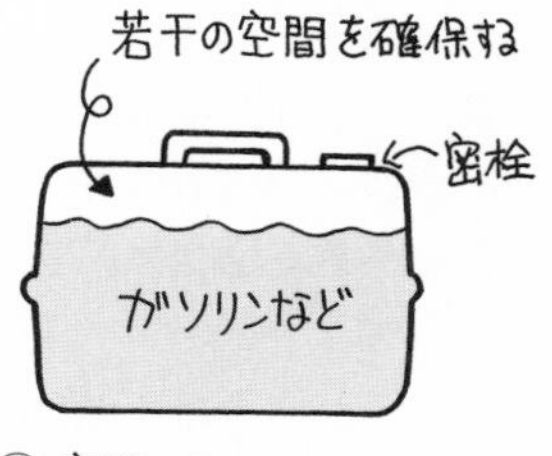

② 室内で取り扱うときは，**低所**の換気を十分に行い，発生した蒸気は屋外の**高所**に排出する。

⇒　・第4類危険物の蒸気は空気より**重く**，**低所**に滞留(たいりゅう)しやすいため。また，屋外の高所に排出するのは，地上に降下(こうか)するあいだに濃度が薄(うす)められるため。

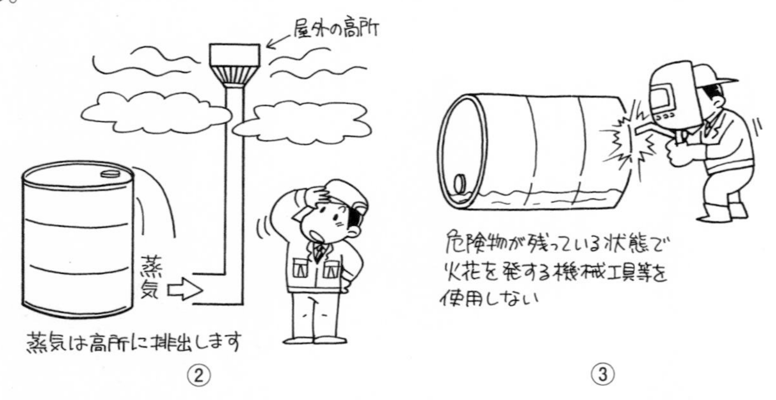

②　　③

③　可燃性蒸気が滞留するおそれのある場所では，**火花を発生する機械器具**などを使用せず，また電気設備は**防爆構造**のあるものを使用する。

④　取扱い作業をする場合は，**電気絶縁性**のよい靴やナイロンその他の化学繊維などの衣類は着用せず，**帯電防止用の作業服**や**靴**を使用する。

⇒　・電気絶縁性がよい⇒電気を通しにくい⇒電気が逃げにくい，となり，静電気が溜(た)まりやすいので，静電気が放電するとその火花で引火する危険があります。

【例題1】第4類の危険物の貯蔵，取扱い方法について，次のうち誤っているものはどれか。

⑴　火気，加熱を避け，みだりに蒸気を発生させない。

⑵　容器は密封して，冷所に貯蔵する。

⑶　室内で取り扱うときに発生した蒸気は，低所より高所に滞留しやすいので留意する。

⑷　流動その他により，静電気が発生するおそれがある場合は，接地して静電気を除去する。

⑸　多くのものは水に溶けず，水より軽いので，注水消火は不適切である。

解説

前ページ，ポイント②より，第4類危険物の蒸気は空気より**重く**，**低所**に滞留(たいりゅう)しやすいため，**低所**の換気を十分に行い，蒸気は屋外の**高所**に排出します。

【例題 2】次の文の（　）内の A～D に入る語句の組合せとして，正しいものはどれか。

「第 4 類の危険物の貯蔵および取扱いにあたっては，炎，火花または(A)との接近を避けるとともに，発生した蒸気を屋外の(B)に排出するか，または(C)を良くして蒸気の拡散を図る。また，容器に収納する場合は，(D)危険物を詰め，蒸気が漏えいしないように密栓をする。」

	A	B	C	D
(1)	可燃物	低所	通風	若干の空間を残して
(2)	可燃物	低所	通風	一杯に
(3)	高温体	高所	通風	若干の空間を残して
(4)	水分	高所	冷暖房	若干の空間を残して
(5)	高温体	高所	冷暖房	一杯に

解説

正解は，次のようになります。

「第 4 類の危険物の貯蔵および取扱いにあたっては，炎，火花または（A：**高温体**）との接近を避けるとともに，発生した蒸気を屋外の（B：**高所**）に排出するか，または（C：**通風**）を良くして蒸気の拡散を図る。また，容器に収納する場合は，（D：**若干の空間を残して**）危険物を詰め，蒸気が漏えいしないように密栓をする。」

B は p. 153 のポイント ②，D は p. 153 のポイント ① を参照。

例題解答	【例題 1】(3)　【例題 2】(3)

第4章　第4類危険物の消火★★

あれ～，先生，消火って第2編の「燃焼，消火（p.138）」でやりませんでしたっけ？

うん。よく覚えてたね（笑）
そうなんだよね。
実は，第2編で習った消火は，消火剤（消火器）そのものを勉強したんだけど，今回はその消火剤（消火器）を第4類危険物に対してどのように使用するか，ということを学ぶ部分なんだ。
ちょうど，車の運転で言えば，第2編が車の構造を学ぶのに対して第3編では車の運転方法を学ぶ，という感じかな？

なるほど。よくわかりました。

さて，この消火剤（消火器）の使用方法でのポイントは，ズバリ，次の2点だ。

(1)　**第4類危険物の消火に不適当な消火剤**

・**棒状，霧状の水**
・**棒状の強化液**

⇒これは，第4類の火災（油火災）に水を放射すると，危険物（油）が**水に浮き燃焼面積を拡大する**恐れがあるためと，棒状の強化液（水）の場合は危険物が**飛散**（ひさん）**する**ためなんだ。

第4類危険物の消火に不適当な消火剤

老いるといやがる　**凶暴**　**な水**（棒状の強化液と水）
オイル（油）⇒第4類危険物のこと　強化液（棒状）　水

⑵　泡消火剤の選択

・**水溶性危険物**（水に溶ける危険物）の場合は，**水溶性液体用泡消火剤**（耐アルコール泡）を用いる。

ヒロ君，泡消火剤の消火効果は覚えてるかな？

え～と……，泡消火剤は液体だからその**冷却効果**と，あとは泡で包み込む**窒息効果**だったと思います。

正解！　そう，その通りだ。
だが，燃えている危険物が水溶性……つまり，水に溶ける性質のものだったらその泡を溶かしてしまうんだよ。
泡を溶かしてしまうと，泡が消えてその窒息効果が得られない。
そこで，水を溶かしてしまう水溶性の危険物の場合は，泡が溶けない性質をもつ**水溶性液体用泡消火剤**というものを用いるんだ。
以上，この2つのポイントを頭に入れて，早速，例題をやってみよう。

【例題1】**第4類の危険物の消火方法として，次のうち不適切なものはどれか。**

⑴　棒状の水を放射して消火する。
⑵　霧状の強化液を放射して消火する。
⑶　泡消火剤を放射して消火する。
⑷　二酸化炭素消火剤を放射して消火する。
⑸　消火粉末を放射して消火する。

解説

これは，すぐわかったと思います。p. 156 の **こうして覚えよう** 「凶暴な水」より，不適切なものは強化液消火剤の棒状と**水**（棒状，霧状とも）になります。

【例題2】**第4類の危険物火災の消火効果等について，次のうち誤っているものはどれか。**

⑴　乾燥砂は，小規模の火災に効果がある。
⑵　初期消火には，霧状の強化液の放射が効果的である。
⑶　水溶性危険物の火災には，棒状の強化液の放射が最も効果的である。
⑷　泡を放射する小型の消火器は，小規模の火災に効果がある。
⑸　一般に注水による消火方法は不適切である。

第3編　危険物の性質並びにその火災予防及び消火の方法

解説

この問題も，p. 156 の(1)，「**凶暴**な**水**」より，強化液消火剤の棒状は水溶性，非水溶性の危険物に限らず，第 4 類危険物の火災には適応しません。

【例題 3】**ベンゼンやトルエンの火災に使用する消火器として，次のうち適切でないものはどれか。**

(1) 消火粉末を放射する消火器
(2) 棒状の強化液を放射する消火器
(3) 二酸化炭素を放射する消火器
(4) 霧状の強化液を放射する消火器
(5) 泡を放射する消火器

解説

ベンゼンやトルエンは第 1 石油類の危険物ですが，ともに第 4 類危険物です。第 4 類危険物に適応しない消火器は，**水**と**棒状の強化液消火器**になります。

【例題 4】**第 4 類危険物の消火方法として，次のうち誤っているものはどれか。**

(1) 軽油の火災に二酸化炭素消火剤を放射して消火する。
(2) ガソリンの火災に泡消火剤を放射して消火する。
(3) ガソリンの火災に粉末消火剤を放射して消火する。
(4) 重油の火災に棒状の水を放射して消火する。
(5) 灯油の火災にハロゲン化物消火剤を放射して消火する。

解説

これも，前問と同じく，「第 4 類危険物に適応しない消火器は，**水**と**棒状の強化液消火器**」から，(4)の「棒状の**水**」が不適切です（棒状，霧状にかかわらず水は×）。

【例題 5】**泡消火剤の中には，水溶性液体用の泡消火剤とその他の一般の泡消火剤とがある。次の危険物の火災を消火しようとする場合，一般の泡消火剤では適切でないものはどれか。**

(1) エタノール　(2) ガソリン　(3) 灯油
(4) シリンダー油　(5) 重油

例題解答 【例題 1】(1)　【例題 2】(3)

解説

p. 157 の(2)の下線部より，**水溶性の危険物**の火災には，**水溶性液体用泡消火剤**を用いなければなりません。そこで，(1)～(5)で一般の泡消火剤が不適切な水溶性危険物に該当するものを探すと，p. 150 の「(2) 水に溶けるもの」にアルコールが入っています。

(1)のエタノールはアルコール類なので，これが不適切です。

おつかれさまでした。
これで「共通する性質」は
終わりです。
次からは，いよいよ各品名に
属する物質の学習だよ。
お楽しみ，お楽しみ。

例題解答	【例題 3】(2)　【例題 4】(4)　【例題 5】(1)

第5章 特殊引火物

まず，特殊引火物とは，1気圧において

○ **発火点**が **100℃ 以下**のもの　　または
○ **引火点**が**−20℃ 以下**で**沸点**が **40℃ 以下**

のものをいうんだ。

こうして覚えよう

始終　**フッテン，** **百度**も　**発火**すれば
40←　沸点　100℃ ←　発火点

二重に　**引く**よね。
20℃←　引火点

この特殊引火物というのは，第4類危険物の中でも最も危険性の高い危険物で，下の表より，特に引火点が低いのがわかると思う。

ジエチルエーテルって，−45℃ で引火するんですね。

	ジエチルエーテル	二硫化炭素	アセトアルデヒド	酸化プロピレン
引火点℃	**−45℃**	−30℃ 以下	−39℃	−37℃
発火点℃	160℃	**90℃**	175℃	449℃
水より軽い	○(比重：0.71)	×(比重：1.30)	○(比重：0.78)	○(比重：0.83)
水に溶ける	○	×	○	○
燃焼範囲 Vol%	1.9〜36.0Vol%	1.3〜50Vol%	4.0〜60.0Vol%	2.8〜37Vol%
特徴	日光や空気により**爆発性の過酸化物**を生じる	**水中貯蔵**をする	酸化すると**酢酸**になる	**重合**して大量の熱を発生する危険性がある

そうだ。だから，南極でも引火してしまうくらい引火しやすい危険な液体なんだ。
当然ながら，このジエチルエーテルの引火点は，第４類危険物の中で**最も低い**。

ちなみに，発火点が第４類危険物の中で**最も低い**のは**二硫化炭素**になる。

−45℃の南極ではジェチルエーテルしか“引火”しません

ジェチルエーテル⇒引火点が第4類危険物の中で一番低い

第4類の危険物を全部同時に温めると二硫化炭素が一番最初に“発火”します

二硫化炭素⇒発火点が第4類の中で一番低い

ここでは，それぞれの危険物に特徴的な性質のみ表示しておくね。

1. ジエチルエーテル

性質

① 特有の**甘い刺激臭**（**芳香**（ほうこう））*がある。（*かぐわしい香り）

② **沸点**（ふってん）が極めて低い（⇒沸点が低いと揮発しやすくなる）。

③ 蒸気には**麻酔作用**がある。

④ **引火点**が第4類の中で**最も低く**，また，**燃焼範囲も広い**ので，非常に引火しやすい。

⑤ 日光にさらしたり，または，空気と長く接触すると**爆発性の過酸化物**を生じ，加熱や衝撃により爆発する危険性がある。

貯蔵法	（⑤より）**空気に触れないよう**，密閉容器で**暗所**（あんしょ）に貯蔵する。

この爆発性の過酸化物は，3のアセトアルデヒドも発生する可能性があるので，注意が必要だよ。

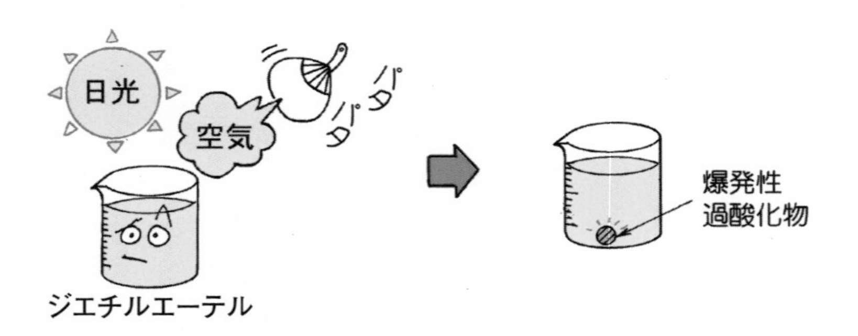

2. 二硫化炭素

性質 ① **発火点**が第4類の中で最も低い（**90℃**）

② 水には**溶けず**，**水**より**重い**（比重＝1.26）。

③ 純品は**無臭**だが，通常は特有の**不快臭**がある。

④ 燃焼すると有毒な**二酸化硫黄（亜硫酸ガス）**を発生する。

貯蔵法	可燃性蒸気の発生を防ぐため，容器内の液面に水を張って**水中貯蔵**をする（⇒水に**溶けず**，水より**重い**性質を利用）。

ずいぶん面白い貯蔵の仕方ですね。

うん。二硫化炭素が水に溶けず，また，水より二硫化炭素の方が重い，という性質を利用して蒸気の発生を防いでいるんだ。

3. アセトアルデヒド

性質 ① **無色**で**刺激臭**（果実臭）がある液体である。

② **水に溶ける**。また，**エタノール**などの**有機溶剤**にもよく**溶ける**。

③ 酸化すると**酢酸**になる。

④ 沸点が第4類の中で**最も低く**揮発しやすいので，きわめて**引火しやすい**。

⑤ 空気と長く接触すると**爆発性の過酸化物**を生じる。

4. 酸化プロピレン

性質 ① **無色**で**エーテル臭**がある。

② **重合**反応*を起こし大量の熱を発生する危険性がある。

（*重合反応⇒分子量の小さな物質が次々と結びついて分子量の大きな物質になること）

なお，水溶性の危険物である**アセトアルデヒド**と**酸化プロピレン**の火災には，**水溶性液体用泡消火剤**を用いるので，注意してね。

【例題 1】**ジエチルエーテルの性状について，次のうち誤っているものはどれか。**

(1) 沸点が極めて低い。

(2) 電気の良導体であり，流動等によっても静電気が発生しにくい。

(3) 空気と長時間接触すると爆発性の過酸化物を生成（せいせい）するおそれがある。

(4) 水より軽く，水にわずかにしか溶けない。

(5) 引火点が極めて低く，かつ，燃焼範囲も極めて広い。

解説

一般的に，第 4 類危険物は電気を通しにくい**不導体**であり，静電気が発生しやすい物質です。

【例題 2】**ジエチルエーテルの貯蔵，取扱いの方法として，次のうち誤っているものはどれか。**

(1) 直射日光を避け冷所に貯蔵する。

(2) 過酸化物が生成し，爆発するおそれがあるので，空気と触れないよう密閉容器に入れ冷暗所に貯蔵する。

(3) 火気および高温体の接近を避ける。

(4) 建物の内部に滞留した蒸気は，屋外の高所に排出する。

(5) 水より重く水に溶けにくいので，容器等に水を張って蒸気の発生を抑制する。

解説

(5) は，二硫化炭素の貯蔵方法です。

【例題 3】**二硫化炭素の性状等について，次のうち誤っているものはどれか。**

(1) 色，臭気 ―――――――― 無色透明の液体であるが，日光にあたると黄色になる。純品は，ほとんど無臭である。

(2) 蒸気 ―――――――― 空気より軽く，毒性はほとんどない。

(3) 貯蔵 ―――――――― 水より重く，水にほとんど溶けないので，びん，缶などへの貯蔵は，二硫化炭素の表面を水で覆い，更にふたを完全にして，蒸気が漏れないようにする。

(4) 発火 ―――――――― 他の第 4 類の危険物と比べ発火点は低く，高温の蒸気配管などに接触しただけでも発火することがある。

(5) 燃焼範囲 ――――――――― 1.3～50vol％と広く，点火すると青色の炎をあげて燃え，有毒な二酸化硫黄を発生する。

解説

第4類危険物の蒸気は空気より**重く**，また，二硫化炭素の蒸気は有毒です。

【例題 4】**二硫化炭素の屋外貯蔵タンクを水槽に入れ，水浸（すいしん）（水に漬（つ）けること）して置く理由として，次のうち正しいものはどれか。**

(1) 可燃物との接触を避けるため。
(2) 水と反応して安定な物質ができるため。
(3) 可燃性蒸気が発生するのを防ぐため。
(4) 不燃物の混入を防ぐため。
(5) 空気と接触して爆発性の物質ができるのを防ぐため。

解説

前問より，二硫化炭素の蒸気は有毒なので，二硫化炭素の「水には溶けず，水より重い」という性質を利用して，タンクを水没（すいぼつ）させることにより蒸気を発生しないようにしています。

【例題 5】**アセトアルデヒドの性状について，次のうち誤っているものはどれか。**

(1) 無色透明の液体である。
(2) 水，エタノールに溶けない。
(3) 引火点が非常に低く，引火，爆発の危険性がある。
(4) 熱，光により分解し，メタン，一酸化炭素を発生する。
(5) 空気と接触し加圧すると，爆発性の過酸化物を生成することがある。

解説

p. 150 の第4類危険物の共通の特性の(2)より，アセトアルデヒドは水に溶ける代表的な第4類危険物なので，(2)が誤りです（エタノールにも溶けます）。

第3編　危険物の性質並びにその火災予防及び消火の方法

例題解答　【例題 1】(2)　【例題 2】(5)　【例題 3】(2)　【例題 4】(3)　【例題 5】(2)

第6章 第1石油類

まず，第1石油類とは，1気圧において

○**引火点**が **21℃ 未満**

のものをいうんだ。

こうして覚えよう

ガソリンスタンドの　に　い　さん（ガソリンは第1石油類より）

2　1

この第1石油類は，特殊引火物の次に危険性の高い物質で，ガソリンなんて，引火点が−40℃ 以下という，ジエチルエーテル以外の特殊引火物より低い温度でも引火してしまうくらい危険な物質なんだ。

先生，その−40℃ 以下の「以下」って何ですか？

これは，よく質問されるんだけど，簡単に言うと，ガソリンには色んな種類があり，その引火点もおおむね，−40℃ 前後から−50℃ 前後まで幅広く存在するので，これらを総合して「−40℃ 以下」としている，と理解しておけばいいよ。

さて，その第1石油類だが，出題率は圧倒的に**ガソリン**が多いんだ。

従って，まずは，このガソリンをマスターすれば第1石油類の半分はマスターしたといってもいいだろう。

なお，石油類には第1石油類から第4石油類まであるんだが，いずれも**非水溶性**（水に溶けない）と**水溶性**（水に溶ける）に分けられており，水溶性の指定数量は非水溶性の**2倍**になっているので，そのあたりに注意しながら目を通していってほしい。

	ガソリン	ベンゼン	トルエン	アセトン	ピリジン
引火点（℃）	−40 以下	−11℃	4℃	−20℃	20℃
発火点（℃）	約 300℃	498℃	480℃	465℃	482℃
比重	0.65～0.75	0.88	0.87	0.79	0.98
沸点（℃）	40～220℃	80℃	111℃	56℃	115.5℃
燃焼範囲（vol%）	1.4～7.6vol%	1.3～7.1vol%	1.2～7.1vol%	2.15～13.0vol%	1.8～12.4vol%
蒸気の毒性		有毒	有毒		有毒
臭気	あり				
揮発性	あり				
水への溶け具合	← 溶けない →			← 溶ける →	
液体の色	無色透明（但し，自動車用ガソリンはオレンジ色に着色してある）				

この表の「比重」の欄（らん）を見てもわかるとおり，第１石油類は水より**軽い**物質なんだ。

第1石油類を水に沈めて手を離すと・・・

水に浮かび上がります

プカッ

第1石油類

第1石油類

第1石油類は水より軽い

・・・ということがわかります

……………………　非　水　溶　性　……………………

1. ガソリン（自動車ガソリンともいう）

性質

① 比重は１より**小さく**，**非水溶性**の液体である。

② 引火点が**−40℃ 以下**，発火点が約 **300℃**，燃焼範囲が **1.4～7.6vol%** である（ガソリンはこの数値が大変重要！）

③ 用途により**自動車用ガソリン**，**工業用ガソリン**，**航空機用ガソリン**に分けられている。

④ 自動車用ガソリンは**オレンジ色**に着色されている。

⑤ 蒸気比重は **3～4** で（空気の 3～4 倍）空気より**重く**，**低所**に滞留（たいりゅう）しやすい。

⑥ 蒸気を吸入すると，**頭痛**や**めまい**等を起こすことがある。

ガソリンさんは　始終
30(0)　(−)40
(発火点)　(引火点)

石になろうとしていた
1.4〜7.6
(燃焼範囲)

2. ベンゼン（ベンゾール）とトルエン（トルオール）

性質
① ともに**芳香臭**（ほうこうしゅう）のある**無色透明**の液体である。
② ともに**引火点**は常温（20℃）より**低い**が（ベンゼンは−11℃，トルエンは4℃），**ベンゼン**の方が引火点，沸点とも**低い**。
③ ともに**水には溶けないが**，アルコールなどの**有機溶媒にはよく溶ける**。
④ ともに蒸気は**有毒**であるが，毒性は**ベンゼン**の方が**強い**。

………………… **水　溶　性** …………………

3. アセトン

性質
① **引火点**が**低い**ので（−20℃）**揮発性が大きく**引火しやすい。
② **水や有機溶剤，（エーテルやクロロホルムなど）によく溶ける。**

【例題 1】**自動車ガソリンの一般的性状として，次のうち誤っているものはどれか。**

(1) 引火点は−40℃ 以下である。
(2) 発火点は約 90℃ である。
(3) 蒸気は空気より 3〜4 倍重い。
(4) 多量の炭化水素の混合物である。
(5) 比重は 1 より小さく，非水溶性の液体である。

解説

ガソリンの発火点は，p. 168 のゴロ合わせより，約 **300℃** です。(発火点が 90℃ というのは二硫化炭素です)。

【例題 2】 **自動車ガソリンの性状について，次のうち誤っているものはどれか。**

(1) 燃焼範囲は，33～47vol％である。
(2) 流動(りゅうどう)，摩擦(まさつ)等により静電気が発生しやすい。
(3) オレンジ色に着色されている。
(4) 水面に流れたものは，広がりやすい。
(5) 水と混ぜると，上層はガソリンに，下層は水に分離する。

解説

ガソリンの燃焼範囲は，おおむね **1. 4Vol％～7. 6vol％**です。
(⇒ p. 168 のゴロ合わせ参照)
なお，(5) は，ガソリンが水より軽いからです。

【例題 3】 **ガソリンの性状等について，次のうち誤っているものはどれか。**

(1) 過酸化水素や硝酸と混合すると，発火の危険性が低くなる。
(2) 皮膚に触れると，皮膚炎を起こすことがある。
(3) 主成分は炭化水素である。
(4) 不純物として，微量の有機硫黄化合物などが含まれることがある。
(5) 燃焼範囲は，おおむね 1～8vol％である。

解説

過酸化水素や硝酸は，第 6 類危険物の**酸化剤**（酸化性液体）であり，混合すると発火する危険性があります。

【例題 4】 **ベンゼン又はトルエンの性状について，次のうち誤っているものはどれか。**

(1) 芳香臭のある無色透明の液体である。
(2) 引火点は常温（20℃）より低い。
(3) 水によく溶ける。
(4) 蒸気の毒性はベンゼンの方が強い。
(5) アルコール，ベンゼン等の有機溶媒に溶ける。

例題解答 【例題 1】 (2)

解説

ともに水には溶けません。なお，(2)の引火点は，ベンゼンが－11℃，トルエンが4℃ なので常温（20℃）より低くなっています。

【例題 5】アセトンの性状について，次のうち誤っているものはどれか。

(1) 水より軽い。
(2) 揮発しやすい。
(3) 無色で特有の臭気を発する。
(4) 水に溶けない。
(5) 発生する蒸気は，空気より重く低所に滞留する。

解説

アセトンは，p. 150，共通の特性の(2)より，「ア」が付くので，水に溶ける物質です。

例題解答	【例題 2】(1)	【例題 3】(1)	【例題 4】(3)	【例題 5】(4)

第7章 第2石油類

まず，第2石油類とは，1気圧において
○ 引火点が 21℃ 以上 70℃ 未満
のものをいうんだ。

この第2石油類も，第1石油類でのガソリン同様，**灯油**が出題の中心となっている。その次が，**灯油と軽油に共通する性状**あるいは，**軽油の性状**となっている。
従って，灯油をマスターすれば，第2石油類の60～70%は解答できるんじゃないかな？
ということで，まずは，灯油をマスターしていこう！

表1 灯油と軽油が最重要

	灯油	軽油	キシレン	酢酸（サクサン）
引火点℃	40℃ 以上	45℃ 以上	33℃	39℃
発火点℃	**約 220℃**	**約 220℃**	463℃	463℃
水より軽い	○（比重：**0.80**）	○（比重：**0.85**）	○（比重：0.88）	×（比重：1.05）
水に溶ける	×	×	×	○
燃焼範囲 vol%	1.1～6.0vol%	1.0～6.0vol%	(1.0～6.0)vol%	(4.0～19.9)vol%
特徴	無色または**淡黄色**	**淡黄色**または淡褐色	**3つの異性体***（オルト，メタ，パラ）がある。	第4類危険物の一般的性状とは逆に，「水より重く」「水に溶ける」

（＊異性体（いせいたい）：分子式が同じでも性質の異なる物質どうしのことです。）

…………………… **非 水 溶 性** ……………………

1. 灯油と軽油

性質
① 引火点は灯油が **40℃ 以上**，軽油が **45℃ 以上**で，常温では引火しない。
② 発火点は約 **220℃** で，ガソリンより低い。
③ 水より**軽く**，**水**に溶けない（次のイラスト参照）。

第3編 危険物の性質並びにその火災予防及び消火の方法

④　液体の色

・灯油：**無色**または**淡（紫）黄色**

・軽油：**淡黄色**または**淡褐色**

第2〜第4石油類，動植物油類に共通する危険性	**霧状**にしたり，**布にしみこませる**と火がつきやすくなる。

こうして覚えよう　灯油と軽油の引火点

灯油を知れば，　　**ふつうは**
40(灯油の引火点)　　220(発火点)

仕事はかどる
45(軽油の引火点)

先生，どうして，灯油と軽油をいっしょにしてあるのですか？

それは，灯油と軽油の性状は**色**や**引火点**などが多少異なるだけで他はほとんど同じなんだ。だから，いっしょに説明した方が別々に説明するより頭に入りやすいと思ったからいっしょにしたんだよ。

…………………… 水　溶　性 ……………………

2. 酢酸（さくさん）

性質 ① 低温(17℃ 以下)で氷結（ひょうけつ）して固体になるので，**氷（ひょう）酢酸**とも呼ばれる。

② **水より重く**（比重が１より大きい）**水によく溶ける**。，

③ 強い**腐食性（ふしょくせい）**がある**有機酸（ゆうきさん）***である（＊酸性の有機化合物のこと）。

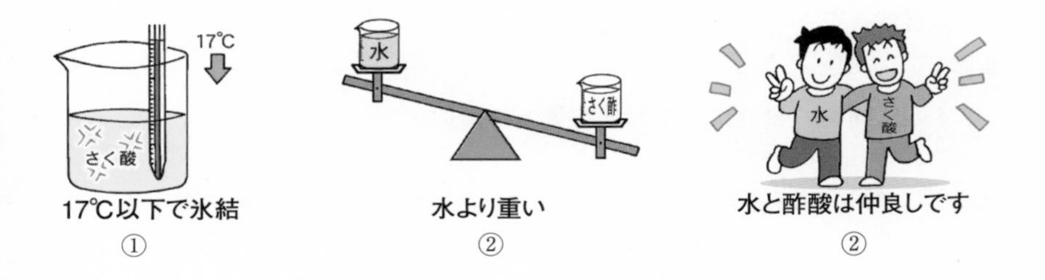

17℃以下で氷結
①

水より重い
②

水と酢酸は仲良しです
②

3. アクリル酸

① **刺激臭**のある**無色透明**の液体である。

② 水よりやや**重く**，水に**溶ける**。

③ **重合**＊しやすく重合熱が**大きい**ので，**暴走反応**を起こすおそれがあり，発火・爆発のおそれがある。

④ **凝固しやすい**ので，凝固させないよう（凍結しないよう）に貯蔵する。

（＊重合 ⇒ 分子量の小さな物質が次々と結合して分子量の大きな物質になること）

【例題 1】灯油の性状について，次のうち誤っているものはどれか。

(1) 電気の導体である。
(2) 霧状にしたものは，火がつきやすい。
(3) 水に溶けない。
(4) 引火点は 40℃ 以上である。
(5) 水より軽い。

解説

(1) 水に溶けない第４類危険物は，電気の**不導体（電気を通しにくいもの）**です。
(2) p. 172 の 重要 より，正しい。
(3) 灯油は第２石油類の**非水溶性**なので，正しい。
(5) p. 171 の表１より，灯油の比重は 0.80 なので，正しい。

【例題 2】灯油の性状について，次のうち誤っているものはどれか。

(1) 加熱等により引火点以上に液温が上がったときは，火花等により引火する危険がある。

(2) 布にしみ込んだものは，火が着きやすい。

(3) 電気の不導体で，流動により静電気が発生しやすい。

(4) 蒸気は空気より軽い。

(5) 霧状となって浮遊するときは，火がつきやすい。

解説

第 4 類危険物の蒸気は，すべて空気より**重い**ので，(4) が誤りです。

【例題 3】軽油の一般的性状について，次のうち誤っているものはどれか。

(1) 引火点は 45℃ 以上である。

(2) 沸点は水より高い。

(3) 比重は 1 より大きい。

(4) 発火点は自動車ガソリンより低い。

(5) 原油を蒸留した際に，灯油に続いて留出する炭化水素である。

解説

(3) 比重は p. 171 の表 1 より，0. 85 なので，誤りです。

(4) 軽油の発火点は約 **220℃**，自動車ガソリンは約 **300℃** なので，正しい。

【例題 4】酢酸の性状について，次のうち誤っているものはどれか。

(1) 無色透明の液体である。

(2) 水溶液は強い腐食性を有し，金属も腐食させる。

(3) 粘性が高く水には溶けない。

(4) 刺激性の臭気を有しており，燃焼すると青い炎を出して燃える。

(5) エーテル，ベンゼンなどの有機溶媒に溶ける。

解説

酢酸は，p. 150 **(2)** の「水に溶けるもの」に入っているので，水に溶けます。

例題解答	【例題 1】(1)	【例題 2】(4)	【例題 3】(3)	【例題 4】(3)

第8章 第3石油類

この第3石油類は
1気圧において引火点が70℃以上200℃未満
のものをいうんだ。(⇒出題率は低い)
その第3石油類だが，次の第4石油類や動植物油類と同じく，出題率の低い分野なんだ。ただし，**重油**だけは，比較的よく出題されているので，注意が必要だ。

先生，重油って普段あまり見かけないんですが，何に使われているんですか？

そうだな……漁船の燃料なんかによく使われている，ねばねばした（＝粘性のある）真っ黒な液体なんだが，町中では，ビルや病院，ホテルなどの暖房や給湯用などに使われているようだね。

なるほど。そう言えば，大きな病院に行けば蒸気の配管がそこかしこに張り巡らされていますね。

	重油	クレオソート油	グリセリン	ニトロベンゼン
水より軽い	○(比重：**0.9～1.0**)	×(比重：1.1)	×(比重：1.3)	×（比重:1.2)
水に溶ける	×	×	○溶ける	×
特徴	**(暗) 褐色**で引火点は**60～150℃**	暗緑色，木材の**防腐剤**に使用	**甘味**のある無色の液体	淡黄色

…………………… **非 水 溶 性** ……………………

1. 重油………原油を蒸留してガソリンや灯油などを分別した後の油分

性質 ① **褐色**（かっしょく）または**暗褐色**（あんかっしょく）の液体で，粘性がある。

② 日本工業規格では**1種（A重油）**，**2種（B重油）**，**3種（C重油）**

に分類されている。

③ 引火点は1種，2種が**60℃以上**，3種が**70℃以上**。

④ 発火点は，**250℃**以上（380℃以下）

⑤ 一般に水より**軽く**，水や熱湯にも**溶けない**。

⑥ 不純物として含まれる**硫黄**は，燃えると有害な**亜硫酸ガス**になる。

第2～第4石油類，動植物油類に共通する危険性	**霧状**にしたり，**布にしみこませる**と火がつきやすくなる。

【例題1】**重油の一般的性状について，次のうち誤っているものはどれか。**

(1) 水より重い。

(2) 水に溶けない。

(3) 日本工業規格では，1種（A重油），2種（B重油），3種（C重油）に分類されている。

(4) 発火点は，100℃より高い。

(5) 3種重油の引火点は，70℃以上である。

解説

重油の比重は，**0.9～1.0**なので，水より若干，軽い液体です。

【例題2】**重油の性状について，次のうち誤っているものはどれか。**

(1) 褐色または暗褐色の液体である。

(2) 種々の炭化水素の混合物である。

(3) 発火点は70～150℃である。

(4) 種類により引火点は若干異なる。

(5) 不純物として含まれている硫黄は，燃えると亜硫酸ガスになる。

解説

重油の**発火点**は，**250～380℃**です。70～150℃というのは3種重油の**引火点**です。

例題解答	【例題1】(1)　【例題2】(3)

第9章　第4石油類

少し詳しく

この第4石油類は，車のエンジンオイルなどに用いられているが，何分，出題が少ない分野なので，さらっと行くよ。

●1気圧において引火点が **200℃ 以上 250℃ 未満**のものをいう。

性質　① **ギヤー油**や**シリンダー油**などの**潤滑油**（じゅんかつゆ）のほか，**可塑剤**（かそざい）* などに用いられている。
（＊材料を柔らかくして加工しやすくする為に用いるもの）

② 引火点が **200℃ 以上**と非常に**高い**。

③ 一般に**水**より**軽く**（重いものもある）**水に溶けない**。

第2～第4石油類，動植物油類に共通する危険性	**霧状**にしたり，**布にしみこませる**と火がつきやすくなる。

【例題】第4石油類について，次のうち誤っているものはどれか。

(1) 水より重いものがある。
(2) 常温（20℃）では蒸発しにくい。
(3) 潤滑油，切削（せっさく）油類の中に該当するものが多く見られる。
(4) 引火点は，第1石油類より低い。
(5) 粉末消火剤の放射による消火は，有効である。

解説

(2) 第4石油類の沸点は非常に高く，蒸発しにくいので，正しい。
(3) **潤滑油**，**切削油類**の他には，**可塑剤**（かそざい），**電気絶縁油**なども第4石油類です。
(4) 第1石油類の引火点は **21℃ 未満**であり，第4石油類の引火点は **200℃ 以上 250℃ 未満**なので，「第1石油類より**高い**」が正解です。
(5) 粉末消火剤は第4類危険物の火災（油火災）に有効なので正しい。

例題解答　【例題】(4)

第10章 動植物油類

動植物油類とは，

●動物の脂肉や植物の種子，もしくは果肉から抽出した液体で，1気圧において引火点が**250℃未満**のもの

をいうんだ。

この動植物油類は，今まで何度も出てきたけれど，特徴的な**自然発火**を起こす危険性があるので，そこそこ出題されているんだ。

その出題内容は，動植物油類としての性状を問う問題と自然発火について問う問題の2パターンがある。

そのあたりを頭に入れて目を通してもらいたい。

さて，この動植物油類については，「**ヨウ素価**」と「**自然発火**」を，まずは理解する必要がある。

1. ヨウ素価

① ヨウ素価とは，**油脂100gが吸収するヨウ素のグラム数のこと**をいい，乾きやすさを表す数値で，この値が**大きい**ほど**乾きやすい油**ということになる。

② 動植物油類をこのヨウ素価の順，すなわち，乾きやすい油から並べると「**乾性油，半乾性油，不乾性油**」に分類される。

③ **ヨウ素価**が**大きい乾性油**ほど**自然発火しやすい**。

④ **乾性油**には**アマニ油**，**キリ油**などがある。

2. 自然発火

乾性油のしみ込んだ**布**や**紙**などを**風通しの悪い場所**に長時間積んでおくと，空気中の酸素と反応し，その酸化熱が蓄積されて発火点まで達すると，**自然発火**を起こす危険性がある。

通風の悪い場所にたい積すると

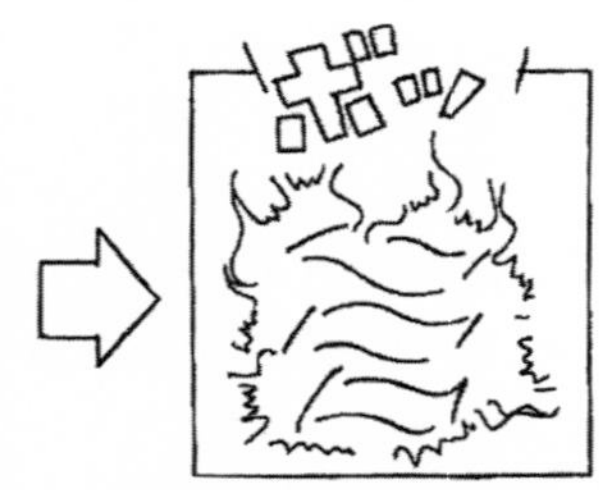

自然発火を起こします

3. 動植物油類の性状

性質 ① 水より**軽く**，**水に溶けない**。
② 一般に引火点は**200℃ 以上**のものが多く，非常に高い。

重要 第2～第4石油類，動植物油類に共通する危険性	**霧状**にしたり，**布にしみこませる**と火がつきやすくなる。

【例題 1】**動植物油類について，次のうち誤っているものはどれか。**

(1) 引火点以上に熱すると，火花等による引火の危険性を生じる。
(2) 乾性油は，ぼろ布等に染み込ませ積み重ねておくと自然発火することがある。
(3) 引火点は，300℃ 程度である。
(4) 水に溶けない。
(5) 貯蔵中は，換気をよくするほど，熱が蓄積されにくくなるので，自然発火しにくくなる。

解説

動植物油類は，1気圧において，**250℃ 未満**のものをいいます。

【例題 2】**動植物油類の自然発火について，次のうち誤っているものはどれか。**

(1) 乾性油の方が，不乾性油より，自然発火しやすい。
(2) ヨウ素価が大きいものほど，自然発火しやすい。
(3) 燃えているときは液温が非常に高くなっているので，注水すると危険である。
(4) 発生する熱が蓄積しやすい状態にあるほど，自然発火しやすい。
(5) 引火点が高いものほど，自然発火しやすい。

解説

引火点はあくまでも「点火源」がある時に燃焼する最低温度のことなので，「点火源」がなくても発火する自然発火とは関係がありません。

例題解答	【例題 1】(3)　【例題 2】(5)

第3編 危険物の性質並びにその火災予防及び消火の方法

第 11 章 アルコール類

アルコール類とは，

「分子を構成する炭素原子数が1個から3個までの飽和1価アルコール」のことをいう。

このアルコール類は，p. 181にある**メタノール**と**エタノール**の出題がほとんどなんだ。

従って，この2つをメインに説明していくが，その性質も一部を除いてほとんど同じなので，「共通する性質」として説明していくね。

先生，酔っぱらっちゃう方のアルコールって，どっちなんですか？

それは，エタノールの方だよ。メタノールの方は劇物に指定されていて，毒性が強く，誤って飲むと，失明などのおそれがあるんだ。

従って，**"目が散る"⇒メチル**　と言って覚えたもんだよ。

へ~，では僕もそう覚えます。

ご自由に（笑）

メタノールの別名はメチルアルコール

メタノールとエタノール

	メタノール	エタノール
引火点℃	**11℃**	**13℃**
沸点℃	**64℃**	**78℃**
水より軽い	○（比重：**0. 80**）	
水に溶ける	○	
燃焼範囲（vol%）	**6～36vol%**	**3. 3～19. 0vol%**
特徴	毒性がある	麻酔作用がある

（その他，1－プロパノールや2－プロパノールというアルコールもある）

共通する性質

① ともに**水**より**軽く**，**芳香**（ほうこう）のある**無色透明**の液体である。
② 引火点は**常温以下**（⇒常温で引火する危険性がある）
③ **沸点**は **100℃ 以下**で揮発性が大きい。
④ **水**や**エーテル**などの有機溶剤とよく溶ける。
⑤ **燃焼範囲**は**ガソリンより広い**。
⑥ 燃焼した際の炎は**淡く**，非常に見えにくい。
⑦ 静電気はほとんど発生しない（⇒水溶性液体のため）。
⑧ 泡消火剤は**水溶性液体用泡消火剤（耐アルコール泡）**を用いる。

②　③

【例題 1】**メタノールの性状について，次のうち誤っているものはどれか。**

(1) 20℃ で引火する。

(2) 沸点は，約 65℃ である。

(3) アルコール類では分子量が最も小さい化合物である。

(4) 燃焼しても炎の色が淡く，見えないことがある。

(5) 毒性は，エタノールより低い。

解説

(1) メタノールの引火点は，p. 181 の表より，11℃ なので，それより温度が高い 20℃ では当然引火します。よって，正しい。

(2) 水の沸点は 1 気圧で 100℃ なので，約 65℃ で沸騰するということは，メタノールの揮発性は高い，ということになります（正しい）。

なお，p. 181 の表では沸点は 64℃ となっていますが，資料によっては 65℃ としているものもあり，また「約」が付いているので，「正しい」となります。

(4) メタノール，エタノールに共通する性質で，正しい。

(5) 毒性があるのはメタノールの方で，エタノールにはないので誤りです。

【例題 2】**エタノールの性状について，次のうち誤っているものはどれか。**

(1) 揮発性の無色の液体で，特有の芳香を有する。

(2) 水，エーテル類と任意（にんい）の割合で混ざる。

(3) 燃焼範囲は，ガソリンより狭く，引火点は常温（20℃）より高い。

(4) メタノールのような毒性はなく，医薬品の製造，消毒剤，防腐剤に使用される。

(5) 水より軽く，蒸気は空気より重い。

解説

(1) メタノール，エタノールに共通する性質です。

(2) メタノールと同じく，水やエーテルなどの有機溶剤と任意の割合で混ざるので，正しい。

(3) p. 181 の表より，燃焼範囲は，**3. 3～19. 0vol%**，ガソリンが，1. 4～7. 6vol%（**こうして覚えよう** ⇒ 石になろうと……）であり，ガソリンより**広い**ので誤り。また，引火点は **13℃** なので，常温（20℃）より**低く**，こちらも誤りです。

(5) メタノール，エタノールともに**水より軽く**，蒸気は**空気より重い**ので，正しい。

【例題 3】**メタノールとエタノールに共通する性状について，次のうち誤っているものはどれか。**

⑴　沸点は 100℃ である。

⑵　水とどんな割合にも溶ける。

⑶　炭素数が 1 から 3 までの飽和 1 価アルコールである。

⑷　水より軽い液体である。

⑸　引火点は灯油よりも低い。

解説

⑴　p. 181 の表より，ともに沸点は 100℃ 以下です。

⑶　アルコール類の定義です。

⑸　p. 181 の表より，引火点はメタノールが **11℃**，エタノールが **13℃**，また，灯油の引火点は，p. 171 より，**40℃ 以上**。従って，灯油よりも低いので，正しい。

例題解答	【例題 1】⑸　【例題 2】⑶　【例題 3】⑴

模擬問題 1

この模擬テストは，本試験に出題されている問題を参考にして作成されていますので，実戦力を養うには最適な内容となっています。

従って，出来るだけ本試験と同じ状況を作って解答をしてください。

つまり，

①　時間を **120 分**きちんとカウントする（できれば 1 時間程度で終了するくらいの力があればベストです）。

②　これは当然ですが，参考書などを一切見ない。

これらの状況を用意して，実際に本試験を受験するつもりになって，次ページ以降の問題にチャレンジしてください。

解答カード（見本）

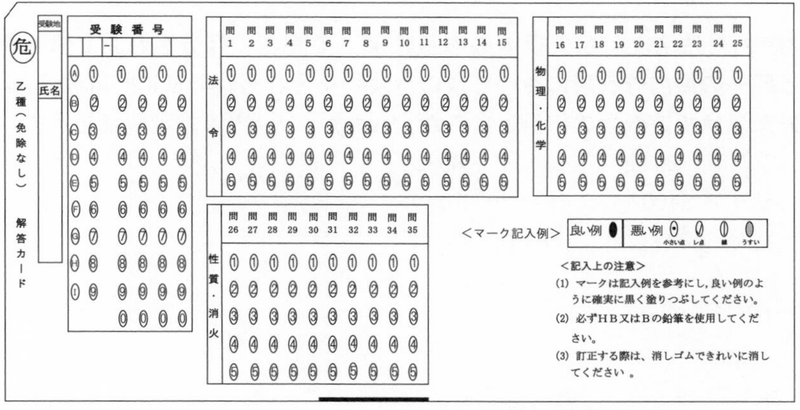
危
乙種（免除なし）解答カード
受験地
氏名
受験番号
法令　問 1 2 3 4 5 6 7 8 9 10 11 12 13 14 15
物理・化学　問 16 17 18 19 20 21 22 23 24 25
性質・消火　問 26 27 28 29 30 31 32 33 34 35
<マーク記入例>　良い例　悪い例（小さい点　レ点　線　うすい）
<記入上の注意>
(1) マークは記入例を参考にし，良い例のように確実に黒く塗りつぶしてください。
(2) 必ずＨＢ又はＢの鉛筆を使用してください。
(3) 訂正する際は、消しゴムできれいに消してください。

（拡大コピーをして解答の際に使用して下さい）

法　令

【問題 1】　法別表第 1 備考に掲げる品名の説明として，次のうち誤っているものはどれか。

(1)　特殊引火物とは，ジエチルエーテル，二硫化炭素その他 1 気圧において，発火点が 90℃ 以下のもの又は引火点が－0℃ 以下で沸点が 100℃ 以下のものをいう。

(2)　第 1 石油類とは，ガソリンその他 1 気圧において引火点が 21℃ 未満のものをいう。

(3)　第 2 石油類とは，灯油，軽油その他 1 気圧において引火点が 21℃ 以上 70℃ 未満のものをいう。

(4)　第 3 石油類とは，重油，クレオソート油その他 1 気圧において引火点が 70℃ 以上 200℃ 未満のものをいう。

(5)　第 4 石油類とは，ギヤー油，シリンダー油その他 1 気圧において引火点が 200℃ 以上 250℃ 未満のものをいう。

【問題 2】　法令上，耐火構造の隔壁によって完全に区分された 3 室を有する同一の屋内貯蔵所において次の危険物をそれぞれの室に貯蔵する場合，貯蔵量は指定数量の何倍になるか。なお，（　）内は指定数量を示す。

黄（おう）リン（20 kg）　……………60 kg
赤（せき）リン（100 kg）　…………270 kg
鉄粉（500 kg）　……………350 kg

(1)　3.5 倍
(2)　4.3 倍
(3)　5.0 倍
(4)　6.4 倍
(5)　7.5 倍

【問題 3】　法令上，製造所等を仮使用しようとする場合，市町村等への承認申請の内容として，次のうち正しいものはどれか。

(1)　屋内貯蔵所の変更の許可を受け，その工事期間中のみ許可された品名及び数量の危険物を貯蔵するため，変更部分の仮使用の申請をした。

(2)　屋内タンク貯蔵所の一部変更の許可を受け，その工事期間中及び完成検査を受けるまでの間，変更工事に係る部分以外の部分について，仮使用の申請をした。
⑶　屋外タンク貯蔵所の一部変更の許可を受け，その工事が完了した後，完成検査を受けるまでの間，工事が終了した部分のみの仮使用の申請をした場合。
⑷　給油取扱所の一部変更の許可を受け，その工事期間中に完成検査前検査に合格した地下専用タンクについて，仮使用の申請をした場合。
⑸　移送取扱所の完成検査の結果，不良箇所があり不合格になったので，不良箇所以外について，仮使用の申請をした場合。

【問題 4】　法令上，次の文の(A)～(E)のうち，誤っている箇所はどれか。

「製造所等の位置，構造又は設備を変更しないで，当該製造所等において貯蔵し，又は取り扱う危険物の(A)品名，(B)数量又は指定数量の倍数を変更しようとする者は，(C)遅滞なくその旨を(D)消防長又は消防署長に(E)届け出なければならない。」

⑴　(A)　　⑵　(B)，(C)　　⑶　(C)，(D)
⑷　(D)　　⑸　(D)，(E)

【問題 5】　法令上，危険物取扱者に関する記述について，次のうち誤っているものはどれか。

⑴　乙種危険物取扱者が，危険物の取扱作業に関して立会うことができる危険物の種類は，当該免状に指定された種類のものに限られる。
⑵　乙種危険物取扱者が，免状に指定された類以外の危険物を取り扱う場合は，甲種又は当該危険物を取り扱うことができる乙種危険物取扱者の立ち会いが必要である。
⑶　甲種危険物取扱者は，全ての類の危険物を取り扱うことができる。
⑷　一般取扱所において，丙種危険物取扱者は灯油を容器に詰め替えることができる。
⑸　製造所等において，危険物取扱者以外の者が危険物を取り扱う場合，指定数量未満の危険物であれば危険物取扱者の立会いがなくても当該危険物を取り扱うことができる。

【問題 6】　法令上，免状について，次のうち正しいものはどれか。

⑴　免状の交付を受けている者が免状の記載事項に変更を生じたときは，居住地若しくは勤務地を管轄する市町村長に書換えを申請しなければならない。
⑵　免状の返納を命じられた者は，その日から起算して２年を経過しないと免

状の交付を受けられない。

(3) 危険物保安監督者に選任されたり危険物の取扱作業の保安に関する講習を受けたときは，免状の書換えを申請しなければならない。

(4) 免伏を亡失してその再交付を受けた者が亡失した免状を発見した場合は，遅滞なく，これを免伏の再交付を受けた都道府県知事に提出しなければならない。

(5) 免状を亡失したときは，当該免状の交付を受けた都道府県知事にその再交付を申請することができる。

【問題 7】 法令上，危険物の取扱作業の保安に関する講習の受講対象者は，次のうちどれか。

(1) すべての危険物取扱者

(2) 製造所等において危険物の取扱作業に従事しているすべての者

(3) 製造所等において危険物の取扱作業に従事している危険物取扱者

(4) 危険物保安統括管理者及び危険物保安監督者

(5) 危険物施設保安員及び危険物保安監督者

【問題 8】 法令上，危険物保安監督者について，次のうち誤っているものはどれか。

(1) 危険物保安監督者を定めるのは，製造所等の所有者等である。

(2) 危険物保安監督者を選任し，又は解任した場合は，その旨を市町村長等に届け出なければならない。

(3) 危険物保安監督者は火災等の災害が発生した場合は，作業者を指揮して応急の措置を講じるとともに直ちに消防機関等に連絡しなければならない。

(4) 製造所においては，許可数量，品名等に関わらず，危険物保安監督者を定めておかなければならない。

(5) 特定の危険物であれば，それを取り扱う製造所等において，丙種危険物取扱者を危険物保安監督者として選任することができる。

【問題 9】 法令上，予防規程を必ず定めなければならない製造所等は，次のうちいくつあるか。

A 屋外貯蔵所

B 給油取扱所

C 簡易タンク貯蔵所

D　移送取扱所

E　地下タンク貯蔵所

(1)　1つ　　(2)　2つ　　(3)　3つ　　(4)　4つ　　(5)　5つ

【問題10】　法令上，定期点検を義務づけられている製造所等は次のうちいくつあるか。

A　地下タンクを有する一般取扱所

B　指定数量の倍数が10以上の一般取扱所

C　地下タンクを有する製造所

D　指定数量の倍数が10以上の製造所

E　地下タンクを有する給油取扱所

(1)　1つ　　(2)　2つ　　(3)　3つ　　(4)　4つ　　(5)　5つ

【問題11】　法令上，製造所等の外壁又はこれに相当する工作物の外側から，学校，病院等の建築物等までの間に，それぞれ定められた距離（保安距離）を保たなければならない製造所等に該当しないものは次のうちどれか。ただし，防火性の壁等は無いものとし，基準の特例が適用されるものは除く。

(1)　製造所

(2)　一般取扱所

(3)　屋外貯蔵所

(4)　屋内タンク貯蔵所

(5)　屋外タンク貯蔵所

模擬問題1

【問題12】　法令上，製造所等においてする危険物の貯蔵，取扱いのすべてに共通する技術上の基準について，次のうち正しいものはどれか。

(1)　許可された危険物と同じ類，同じ数量であれば，品名については随時(ずいじ)*変更することができる。（*必要に応じていつでも）

(2)　危険物のくず，かす等は，1週間に1回以上，当該危険物の性質に応じて安全な場所で廃棄その他適当な処置をしなければならない。

(3)　危険物を保護液中に貯蔵する場合は，危険物の確認のため，その一部を保護液から露出させなければならない。

(4)　貯留(ちょりゅう)設備又は油分離装置にたまった危険物は，十分希釈(きしゃく)（＝薄(うす)めること）して濃度を下げてから下水等に排出しなければならない。

(5) 危険物が残存している設備，容器等を修理する場合は，安全な場所において，危険物を完全に除去した後に行わなければならない。

【問題 13】 法令上，製造所等に設置する消火設備について，次のうち正しいものはどれか。

(1) 消火設備は第1種から第6種までに区分されている。
(2) 泡消火設備は第2種の消火設備である。
(3) 消火粉末を放射する小型の消火器は第4種の消火設備である。
(4) 泡を放射する大型の消火器は第3種の消火設備である。
(5) 乾燥砂は第5種の消火設備である。

【問題 14】 法令上，危険物を収納した運搬容器を車両で運搬する場合の積載方法と運搬方法の基準について，次のうち誤っているものはどれか。

(1) ガソリンの危険等級はⅡである。
(2) 指定数量以上の危険物を運搬する場合には，当該車両に「危」と表示した標識を掲げなければならない。
(3) 運搬容器の外部に品名，数量等を表示して積載しなければならない。
(4) 危険物を運搬する場合，危険物取扱者が同乗しなければならない。
(5) 指定数量以上の危険物を運搬する場合において，休憩のため車両を一時停止させるときは，安全な場所を選び，かつ，運搬する危険物の保安に注意しなければならない。

【問題 15】 法令上，次のA～Eのうち，市町村長等から製造所等の許可の取消しを命ぜられることがあるものの組合せはどれか。

A 予防規程を定めなければならない製造所等において，それを定めていなかったとき。
B 危険物保安監督者の解任命令に違反したとき。
C 完成検査または仮使用の承認を受けないで製造所等を使用したとき。
D 危険物の貯蔵又は取扱いの技術上の基準適合命令に違反しているとき。
E 製造所等の変更の完成検査を受けないで，当該製造所等を使用したとき。

(1) A，C　(2) B，D　(3) B，C
(4) C，D　(5) C，E

基礎的な物理学及び基礎的な化学

【問題 16】 熱の移動の仕方には伝導，対流および放射の 3 つがあるが，次のA～Eのうち，主として対流が原因であるものはどれか。

A　天気の良い日に屋外で日光浴をしたら身体が暖(あたた)まった。

B　ストーブで灯油を燃焼していたら，床面よりも天井近くの温度が高くなった。

C　鉄棒を持って，その先端を火の中に入れたら手元のほうまで次第に熱くなった。

D　ガスこんろで水を沸かしたところ，水の表面から暖かくなった。

E　アイロンをかけたら，その衣類が熱くなった。

(1)　AとB　　(2)　AとC　　(3)　BとC
(4)　BとD　　(5)　CとD

【問題 17】 静電気に関する説明として，次のうち正しいものはどれか。

(1)　静電気の蓄積を防止するためには，湿度を低くした方がよい。
(2)　2つの異なる物質が接触して離れるときに，片方には正（+）の電荷が，他方には負（−）の電荷が生じる。
(3)　導電性の高い物質は，低い物質よりも静電気が蓄積しやすい。
(4)　ベンゼン等の非常に電気を通しにくい液体は，パイプやホース中を流れても静電気を発生しない。
(5)　物体が電気を帯びることを帯電といい，帯電している物質に流れる電流を静電気という。

【問題 18】 酸化剤と還元剤について，次のうち誤っているものはどれか。

(1)　他の物質を酸化しやすい性質のあるもの……………酸化剤
(2)　他の物質を還元しやすい性質のあるもの……………還元剤
(3)　他の物質から酸素を奪う性質のあるもの……………酸化剤
(4)　他の物質に水素を与える性質のあるもの……………還元剤
(5)　他の物質に酸素を与える性質のあるもの……………酸化剤

【問題 19】 炭素と水素からなる有機化合物を完全燃焼させたとき，生成する物質のみを掲げたものは，次のうちどれか。

(1)　有機過酸化物と二酸化炭素

⑵ 過酸化水素と二酸化炭素
⑶ 飽和炭化水素と水
⑷ 二酸化炭素と水
⑸ 有機過酸化物と水

【問題 20】 燃焼について，次のうち誤っているものはどれか。

⑴ 燃焼は，可燃性物質が酸素などの酸化性物質と反応して大量の熱と光を発生する現象である。
⑵ 密閉された室内で可燃性液体が激しく燃焼した場合には，一時に多量の発熱が起こり，圧力が急激に増大して爆発を起こすことがある。
⑶ 石油類は主として蒸発により発生した蒸気が燃焼する。
⑷ 石油類は，酸素の供給が不足すると，不完全燃焼を起こして二酸化炭素が大量に発生する。
⑸ 可燃性物質は，燃焼により安定な酸化物に変わる。

【問題 21】 可燃物と燃焼の形態の組合せとして，次のうち誤っているものはどれか。

⑴ 木材………………分解燃焼
⑵ コークス…………表面燃焼
⑶ ガソリン…………蒸発燃焼
⑷ 硫黄………………蒸発燃焼
⑸ 重油………………表面燃焼

【問題 22】 可燃物の一般的な燃焼の難易（なんい）として，次のうち誤っているものはどれか。

⑴ 水分の含有（がんゆう）量が少ないほど燃焼しやすい。
⑵ 空気との接触面積が大きいほど燃焼しやすい。
⑶ 周囲の温度が高いほど燃焼しやすい。
⑷ 熱伝導率の大きい物質ほど燃焼しやすい。
⑸ 蒸発しやすいものほど燃焼しやすい。

【問題 23】 次の文の（ ）内のA，Bに当てはまる語句の組合せとして，正しいものはどれか。

「可燃性蒸気は，空気とある一定の濃度範囲で混合している場合だけ燃焼する。

この一定の濃度範囲のことを(A)範囲という。また，この(A)範囲の下限界の濃度の蒸気を発生するときの液温を(B)といい，点火源があれば燃焼をする。一方，上限界の濃度の蒸気を発生するときの液温を発火点と(C)。」

	A	B	C
(1)	爆発	発火点	言う
(2)	燃焼	引火点	は言わない
(3)	爆発	燃焼点	は言わない
(4)	燃焼	発火点	言う
(5)	爆発	引火点	は言わない

【問題 24】 消火方法と主な消火効果との組合せとして，次のうち正しいものはどれか。

(1) 油火災に泡消火剤を放射して消火した。……………抑制効果
(2) ろうそくの炎に息を吹きかけて火を消した。………冷却効果
(3) アルコールランプにふたをして火を消した。………除去効果
(4) 燃焼している木材に注水して消火した。……………窒息効果
(5) 栓を閉めてこんろの火を消した。……………………除去効果

【問題 25】 次の消火剤に関する説明のうち，誤っているものはどれか。

(1) 泡消火剤は，微細な気泡の集合体で燃焼面を覆う窒息効果と水分による冷却効果によって消火する。
(2) 強化液消火剤は，－20℃でも凍結しないので，寒冷地での使用にも適する。
(3) 水は，蒸発熱により燃焼物の温度を下げる冷却効果によって消火する。さらに気化により発生した水蒸気による窒息効果もある。
(4) 粉末消火剤は，燃焼の連鎖反応を中断させる負触媒（ふしょくばい）（抑制）効果と窒息効果によって消火する。
(5) ハロゲン化物消火剤は，主として燃焼物の温度を引火点以下に下げる冷却効果によって消火する。

危険物の性質並びにその火災予防及び消火の方法

【問題26】 危険物の類ごとに共通する性状について，次のうち誤っているものはどれか。

(1) 第1類の危険物は，酸化性の固体であり，衝撃，摩擦等に安定である。

(2) 第2類の危険物は，固体であり，酸化剤との混触により発火，爆発のおそれがある。

(3) 第3類の危険物の多くは，空気または水と接触することにより，発熱し，可燃性ガスを発生して発火する。

(4) 第4類の危険物は，火気などにより発火，爆発するおそれがある。

(5) 第5類の危険物は，加熱，衝撃，摩擦により発火，爆発する。

【問題27】 第4類の危険物の性状について，次のうち正しいものはどれか。

(1) 蒸気の比重は，1より小さいものが多く，液体の比重も，1より小さいものが多い。

(2) 蒸気は空気とわずかに混合しても燃焼するものが多い。

(3) 引火点を有しないものもある。

(4) 燃焼下限界および燃焼上限界は物質によって異なり，燃焼下限界の低いものほど，また，その範囲が狭いものほど，火災や爆発の危険性が大きい。

(5) 引火性であり，自然発火性を有するものが多い。

【問題28】 第1石油類の危険物を取り扱う場合の火災予防について，次のうち誤っているものはどれか。

(1) 液体から発生する蒸気は，地上をはって離れた低いところに達することがあるので，周囲の火気に気をつける。

(2) 取扱作業をする場合は，鉄びょうのついた靴は使用しない。

(3) 取扱場所に設けるモーター，制御器，スイッチ，電灯などの電気設備はすべて防爆構造のものとする。

(4) 取扱作業時の服装は，電気絶縁性の高い靴やナイロンその他の化学繊維などの衣類を着用する。

(5) 床上に少量こぼれた場合は，ぼろ布などできれいにふき取り，通風を良くし，換気を十分に行う。

【問題 29】 危険物とその火災に適応する消火器との組合せについて，次のうち適切でないものはどれか。

⑴ ガソリン…………消火粉末（リン酸塩類等）を放射する消火器
⑵ エタノール………棒状の強化液を放射する消火器
⑶ 軽油………………泡を放射する消火器
⑷ 重油………………霧状の強化液を放射する消火器
⑸ ギヤー油…………二酸化炭素を放射する消火器

【問題 30】 アセトアルデヒドの性状について，次のうち誤っているものはどれか。

⑴ 無色透明の液体で，沸点が低く非常に揮発しやすい。
⑵ 空気と接触し加圧すると，爆発性の過酸化物をつくることがある。
⑶ 熱，光に比較的安定で，直射日光でも分解しない。
⑷ 火炎は色が薄く，見えにくい。
⑸ 水，アルコールによく溶ける。

【問題 31】 自動車ガソリンの一般的性状について，次のうち正しいものはどれか。

⑴ 液体の比重は1以下である。
⑵ 蒸気の比重（空気＝1）は2以下である。
⑶ 燃焼上限値は10vol％以上である。
⑷ 引火点は−35℃ 以上である。
⑸ 発火点は250℃ 以下である。

【問題 32】 灯油および軽油の性状について，次のうち誤っているものはどれか。

⑴ 蒸気はいずれも空気よりも重い。
⑵ いずれも水に溶けない。
⑶ いずれも引火点は，常温（20℃）より高い。
⑷ 軽油は水より軽いが，灯油は水よりわずかに重い。
⑸ いずれも液温が引火点以上になると，火花等による引火の危険が生じる。

【問題 33】 重油の性状について，次のうち誤っているものはどれか。

⑴ 一般に褐色または暗褐色の粘性のある液体である。

(2) 一般に水より重い。
(3) C重油の引火点は，70℃以上である。
(4) ぼろ布に染み込んだものは，火がつきやすい。
(5) 火災の場合は，窒息消火が効果的である。

【問題34】 動植物油類の自然発火について，次の下線部分(A)～(E)のうち，誤っている箇所はどれか。

「動植物油の自然発火は，油が空気中で酸化され，この反応で発生した熱が蓄積されて(A)発火点に達すると起こる。自然発火は，一般に乾きやすい油ほど(B)起こりやすく，この乾きやすさを，(C)油脂100gが吸収するヨウ素のグラム数で表したものをヨウ素価といい，脂肪酸(しぼうさん)の不飽和度(ふほうわど)が高いほど(D)ヨウ素価が小さく，ヨウ素価が大きいほど(E)自然発火しやすくなる。」

(1) A　(2) B　(3) C　(4) D　(5) E

【問題35】 エタノールの性状等について，次のA～Eのうち，誤っているもののみをすべて掲げているものはどれか。

A 凝固点は5.5℃である。
B 工業用のものには，飲料用に転用するのを防ぐため，毒性の強いメタノールが混入されているものがある。
C 燃焼範囲は，3.3～19.0vol%である。
D ナトリウムと反応して酸素を発生する。
E 酸化によりアセトアルデヒドを経て酢酸となる。

(1) A，C
(2) A，D
(3) B，C，E
(4) B，D，E
(5) B，C，D，E

模擬問題解答

法　令

【問題 1】解答 (1)

解説 特殊引火物とは，ジエチルエーテル，二硫化炭素その他1気圧において，発火点が**100℃以下**のもの又は引火点が**−20℃以下**で沸点が**40℃以下**のものをいいます（下線部の数値，「**100**」〜「**−20**」〜「**40**」が出題ポイント！⇒p.160の「こうして覚えよう」)。

【問題 2】解答 (4)

解説 見慣れない危険物が並んでいますが，大丈夫！　指定数量がカッコ内に表示されているので，その指定数量で貯蔵量を割ればよいだけです。

従って，黄リン（第3類危険物）が，60 kg÷20 kg＝**3倍**，赤リン（第2類危険物）が，270 kg÷100 kg＝**2.7倍**，鉄粉（第2類危険物）が，350 kg÷500 kg＝**0.7倍**，となるので，3＋2.7＋0.7＝**6.4倍**となります。

なお，これらの危険物は，巻末資料2　p.228の表に表示されているので，できれば，チェックしておいてください。

【問題 3】解答 (2)

解説 (1)　仮使用は「変更工事に係る部分以外の部分」についての仮使用なので，「変更部分の仮使用」は誤りです。

(3)　仮使用は「変更工事に係る部分以外の部分」についての仮使用であり，「工事が終了した部分」ではありません。

(4)　仮使用は「変更工事に係る部分以外の部分」についての仮使用であり，「完成検査前検査に合格した部分」の仮使用ではありません。

(5)　仮使用は「不良箇所以外」ではなく「変更工事に係る部分以外の部分」についての申請手続きなので，誤りです。

【問題 4】解答 (3)

解説 正しくは次のようになります。

「製造所等の位置，構造又は設備を変更しないで，当該製造所等において貯蔵し，又は取り扱う危険物の(A)品名，(B)**数量又は指定数量の倍数**を変更しようとする者は，(C)**変更しようとする日の10日前までに**，その旨を(D)**市町**

村長等に(E)届け出なければならない。」となります。

よって，C，Dが誤りです。

【問題 5】解答 (5)

解説 たとえ指定数量未満であっても，「製造所等で」危険物取扱者以外の者が危険物を取り扱う場合は，その危険物を取り扱うことができる危険物取扱者の立会いが必要になります。

【問題 6】解答 (5)

解説 (1) 書換えの申請先は，免状を**交付**した都道府県知事か**居住地**若しくは**勤務地**を管轄する**都道府県知事**なので，下線部の免状を交付した都道府県知事が抜けています。

(2) 2年を経過しないではなく，**1年を経過しない**です（2年は罰金以上の刑を処せられた者の免状が交付されない期間です）

(3) 免状の書換えが必要なケースには該当しません。

(4) 「遅滞なく」の部分が誤りで，**10日以内**に免伏の再交付を受けた都道府県知事に提出しなければなりません（⇒ 義務)。

(5) 免状の再交付は，「免状を交付した」か「免状を書き換えた」都道府県知事に申請しなければならないので，正しい。

【問題 7】解答 (3)

解説 p. 41 の重要より，受講義務のある者は，「危険物取扱者の資格のある者」が「危険物の取扱作業に**従事している**」場合になります。

従って，(4)は危険物保安統括管理者，(5)は危険物施設保安員には資格が要らないので，受講義務はありません。

【問題 8】解答 (5)

解説 (4) 危険物の品名，指定数量の倍数にかかわりなく危険物保安監督者を定めなければならない製造所等は，**・製造所・給油取扱所・屋外タンク貯蔵所・移送取扱所**の4つであり，製造所が含まれているので，正しい。

(5) 丙種危険物取扱者は，危険物保安監督者に選任することはできません。

【問題 9】解答 (2)

解説 予防規程を「指定数量に関係なく定めなければならない製造所等」は，

Bの**給油取扱所**とDの**移送取扱所**の2つになります。

【問題10】解答(5)

解説 A, C, Eはp.55の重要3, B, Dはp.56〈少し詳しく〉より，AからEまですべて定期点検が義務づけられている製造所等です。

【問題11】解答(4)

解説 保安距離が必要な危険物施設は次の5つです。

製造所，一般取扱所，屋外貯蔵所，屋内貯蔵所，屋外タンク貯蔵所

(せいいっぱい外と内でガイダンスする⇒p.61)

従って，(4)の屋内タンク貯蔵所が誤りで，正しくは，**屋内貯蔵所**です。

【問題12】解答(5)

解説 (1) p.78の①より，「**許可や届出をした品名以外の危険物や数量（又は指定数量の倍数）を超える危険物**を貯蔵または取り扱わないこと。」となっているので，誤りです。

(2) 1週間に1回以上ではなく，「**1日に1回以上**」です。

(3) 保護液から露出ではなく，「露出しないようにして」貯蔵します。

(4) 貯留設備又は油分離装置にたまった危険物は，あふれないよう**随時**(ずいじ)くみ上げます（⇒下水や川，海に流さない)。

【問題13】解答(5)

解説

(1) 消火設備は**第1種**から**第5種**まで区分されています。

(2) 泡消火設備は，「消火設備」が付いているので，**第3種消火設備**です。

(3) 小型消火器は**第5種消火設備**です。

(4) 大型消火器は**第4種消火設備**です。

【問題14】解答(4)

解説 危険物取扱者が同乗しなければならないのは**移送**の方で，危険物の運搬は危険物取扱者が行わなければならないという規定はありません（(1)はp.88参照)。

模擬問題1

【問題 15】解答 (5)

解説 A　予防規程を定めていないことは，p. 93 の(1)，(2)両方ともに当てはまりません。

B　危険物保安監督者の解任命令は，(2)の④に該当するので，**使用停止命令**の方になります。

C(1)の⑤に該当するので，**許可の取消し**になります。

D(2)の③に該当するので，**使用停止命令**になります。

E(1)の⑤に該当するので，**許可の取消し**になります。

従って，C と E が正解になります。

基礎的な物理学及び基礎的な化学

【問題 16】解答 (4)

解説 A　日光浴ということは，太陽（高温の物体）から発せられた熱線（ねっせん）が空間を直進して身体を暖めるので，**放射**になります。

B，D，「天井近くの温度が高くなった」は D の「水の表面から暖かくなった。」と同じく，**対流**になります。

C 鉄棒の熱が高温部（先端）から低温部（手元）へと移動して次第に熱くなったので，**伝導**になります。

E 熱が高温部（アイロン）から低温部（衣類）へと移動して熱くなったので，**伝導**になります。

【問題 17】解答 (2)

解説 (1)　湿度を低くすれば，静電気の逃げ場となる空気中の水分が少なくなるので，逆に，静電気が帯電しやすくなります。

(3)　導電性が高い ⇒ 電気が通りやすい ⇒ 静電気が逃げやすい ⇒ 静電気が蓄積しにくい，となります。従って，導電性の高い物質ほど静電気が蓄積しにくくなります。

(4)　(3)より，電気を通しにくい液体（⇒ 不導体（ふどうたい））ほど静電気が発生しやすくなります。

(5)　静電気は電気が流れず，移動しない電気なので，誤りです。

【問題 18】解答 (3)

解説 酸化剤は，他の物質を酸化する物質であり，還元剤は，他の物質を還元する物質です。(3)は，他の物質から酸素を奪う ⇒ 他の物質が還元されている，ということから，**還元剤**になります。(4)は他の物質が**水素**を得て**還元**されているので**還元剤**，(5)は他の物質が**酸素**を得て**酸化**されているので**酸化剤**になります（⇒p. 121 参照）。

【問題 19】解答 (4)

解説 本問には，「飽和炭化水素」や「有機過酸化物」など，いろいろと惑わすような言葉が並べられていますが，要するに，**「有機化合物が燃焼すると，二酸化炭素と水が生成する。」**を押さえておけば，すぐに答えが導きだせる問題です。

【問題 20】解答 (4)

解説 (4)の酸素の供給が不足，というのは，不完全燃焼のことで，不完全燃焼を起こすと**一酸化炭素**が発生します。

【問題 21】解答 (5)

解説 重油はガソリンと同じく，引火性の液体なので，液面から**蒸発**した可燃性蒸気が空気と混合して燃える**蒸発燃焼**になります。

【問題 22】解答 (4)

解説 熱伝導率は，その数値が**小さい**ほど熱が逃げないので，熱がたまり，燃えやすくなります。逆に，大きいと熱がたまりにくくなるので熱が逃げやすくなり，燃焼しにくくなります。

【問題 23】解答 (2)

解説 正解は，次のようになります。

「可燃性蒸気は，空気とある一定の濃度範囲で混合している場合だけ燃焼する。この一定の濃度範囲のことを（A：**燃焼**）範囲という。また，この（A：**燃焼**）範囲の下限界の濃度の蒸気を発生するときの液温を（B：**引火点**）といい，点火源があれば燃焼をする。一方，上限界の濃度の蒸気を発生するときの液温を発火点と（C：**は言わない**）。」

【問題 24】解答 (5)

解説 (1) 泡消火剤の消火効果は，**冷却効果**と**窒息効果**です。

(2) ろうそくの炎に息を吹きかけ，芯から蒸発する蒸気を除去しているので，**除去効果**になります。

(3) アルコールランプにふたをして，酸素濃度を低下させる**窒息効果**になります。

(4) 注水消火で引火点以下にすることによる**冷却効果**です。

(5) 栓を閉めるとガスが来なくなります。結局，ガスを除去しているので，**除去効果**になります。

【問題 25】解答 (5)

解説 p. 142 の表 2 より，ハロゲン化物消火剤には，冷却効果はありません。

危険物の性質並びにその火災予防及び消火の方法

【問題 26】解答 (1)

解説 第 1 類の危険物は，加熱，衝撃，摩擦等により分解し，**酸素**を放出して可燃物の燃焼を助けるので，衝撃，摩擦等には**不安定**です。

【問題 27】解答 (2)

解説 (1) 液体の比重は，1 より小さいものが多いですが，第 4 類危険物の蒸気は空気より**重い**ので，蒸気比重は 1 より**大きい**，が正しい。

(3) 第 4 類危険物は引火性液体であり，いずれの物質も引火点を有します。

(4) 「燃焼下限界の低いものほど」というのは正しいですが，「範囲が狭いものほど」は誤りで，正しくは，「範囲が**広い**ものほど」火災や爆発の危険性が大きくなります。

(5) 第 4 類危険物のほとんどには自然発火性はありません。あるのは動植物油類の乾性油だけです。

【問題 28】解答 (4)

解説 **電気絶縁性の高い**靴やナイロンその他の化学繊維などの衣類は電気を通しにくいので，静電気が溜まりやすく，放電すると引火する危険があるので，**帯電防止用の作業服**や**靴**を使用するようにします。

【問題 29】解答 (2)

解説「第4類危険物に適応しない消火器は，**水と棒状の強化液消火器**」より，(2)のエタノールに棒状の強化液を放射するのは不適切です。

【問題 30】解答 (3)

解説 アセトアルデヒドは，熱や光で分解し，メタンと一酸化炭素になります。

【問題 31】解答 (1)

解説 (1) 液体の比重は，**0.65〜0.75** なので，1以下で正しい。

(2) 蒸気の比重（空気＝1）は，**3〜4** です。

(3) 燃焼範囲が，p.168 **こうして覚えよう**，**1.4〜7.6vol%**なので，燃焼上限値は7.6vol%となり，10vol%以下になります。

(4) p.168 **こうして覚えよう**，引火点は**−40℃ 以下**です。

(5) p.168 **こうして覚えよう**，発火点は約300℃ です。

【問題 32】解答 (4)

解説 (3) 灯油の引火点は**40℃ 以上**，軽油の引火点は**45℃ 以上**なので，いずれも常温（20℃）より高く，正しい。

(4) 軽油の比重は**0.85**，灯油の比重は**0.80** なので，水より軽く，「水よりわずかに重い。」というのは，誤りです。

【問題 33】解答 (2)

解説 重油の比重は，**0.9〜1.0** なので，水より若干軽い液体です。

【問題 34】解答 (4)

解説 言葉の説明は省略しますが，「**脂肪酸(しぼうさん)の不飽和度(ふほうわど)が高い**」場合や「**不飽和(ふほうわ)脂肪酸(しぼうさん)が多い**」場合は**ヨウ素価も大きい**，と覚えておいてください。

従って，Dは，「脂肪酸(しぼうさん)の不飽和度(ふほうわど)が高いほど(D)ヨウ素価が**大きく**」となります。

【問題 35】解答 (2)

解説 A ×。エタノールの凝固点（液体が固まるときの温度）は，−114.5℃ なので，南極でも固まらず液体のままです。

模擬問題1

B　○。
C　○。p. 181の表より，正しい。
D　×。ナトリウムと反応して**水素**を発生します。
E　○。酸化の流れは次のようになります。

エタノール $\overset{\text{酸化}}{\Rightarrow}$ **アセトアルデヒド** $\overset{\text{酸化}}{\Rightarrow}$ **酢酸**

よって，A，Dが誤りです。

模擬問題 2

法　令

【問題 1】　法で定める第 4 類危険物の第 1 石油類について，次の文の（　）内に当てはまるものとして，正しいものはどれか。

「第 1 石油類とは，アセトン，ガソリンその他 1 気圧において引火点が（　）のものをいう。」

⑴　0℃ 未満
⑵　0℃ 以上 21℃ 未満
⑶　21℃ 未満
⑷　21℃ 以上 70℃ 未満
⑸　40℃ 以下

【問題 2】　法令に定める第 4 類の危険物の指定数量について，次のうち誤っているものはどれか。

⑴　特殊引火物の指定数量は，第 4 類の危険物の中で最も少ない量である。
⑵　第 1 石油類の水溶性液体と，アルコール類の指定数量は同じである。
⑶　第 2 石油類の水溶性液体と，第 3 石油類の非水溶性液体も指定数量は同じである。
⑷　第 1 石油類，第 2 石油類及び第 3 石油類の指定数量は，各量とも水溶性液体の数量が非水溶性液体の 2 倍となっている。
⑸　第 3 石油類の水溶性液体と，第 4 石油類の指定数量は同じである。

【問題 3】　屋内貯蔵所において，アセトアルデヒド 10 ℓ と重油を 200 ℓ 入りドラム缶で 2 本，ギヤー油を 6 本貯蔵している。軽油をあと，200 ℓ 入りドラム缶で何本貯蔵すれば，指定数量以上貯蔵している，ということになるか。

⑴　1 本　　⑵　2 本　　⑶　3 本
⑷　4 本　　⑸　5 本

【問題 4】　法令上，製造所等を設置する場合の設置場所と許可権者の組合せとして，次のうち誤っているものはどれか。

	製造所等の区分と設置場所	許可権者
(1)	消防本部及び消防署を設置している市町村の区域に設置される製造所等（移送取扱所を除く）	当該市町村長
(2)	消防本部及び消防署を設置していない市町村の区域に設置される製造所等（移送取扱所を除く）	当該区域を管轄する都道府県知事
(3)	消防本部及び消防署を設置している1の市町村の区域のみに設置される移送取扱所	当該市町村長
(4)	2以上の市町村の区域にわたって設置される移送取扱所	当該区域を管轄する都道府県知事
(5)	2以上の都道府県の区域にまたがって設置される移送取扱所	消防庁長官

【問題5】 法令上，次の文の（　）内のA～Eに当てはまる語句の組合せとして，正しいものはどれか。

「免状の交付を受けている者が免状を亡失又は破損した場合は，当該免状の(A)をした都道府県知事にその再交付を申請することができる。免状を亡失してその再交付を受けた者が，亡失した免状を発見したときは，これを(B)以内に免状の(C)を受けた都道府県知事に提出しなければならない。」

	A	B	C
(1)	交付	10日	再交付
(2)	交付又は書替え	7日	交付
(3)	交付	10日	交付
(4)	交付又は書替え	10日	再交付
(5)	交付	7日	交付

【問題6】 法令上，危険物の取扱作業の保安に関する講習を受けなければならない期限が過ぎている危険物取扱者は，次のうちどれか。

(1) 5年前から製造所等において危険物の取扱作業に従事しているが，2年前に免状の交付を受けた者。

(2) 1年6か月前に免状の交付を受け，1年前から製造所等において危険物の取扱作業に従事している者。

(3) 5年前に危険物保安監督者に選任された者

(4) 5年前に免状の交付を受けたが，製造所等において危険物の取扱作業に従事していない者。
(5) 2年前に講習を受け，その後も継続して危険物の取扱作業に従事している者。

【問題7】 法令上，危険物の品名，指定数量の倍数にかかわりなく危険物保安監督者を定めなければならない製造所等は，次のうちどれか。

(1) 屋内貯蔵所
(2) 屋外貯蔵所
(3) 販売取扱所
(4) 給油取扱所
(5) 屋内タンク貯蔵所

【問題8】 法令上，予防規程に関する次の文の下線部分(A)～(D)のうち，誤っているものはいくつあるか。

「(A) すべての製造所等の(B) 所有者等は，当該製造所等の火災を予防するため，規則で定める事項について，予防規程を定め，(C) 所轄消防長又は消防署長に対して(D) 遅滞なく届け出なければならない。」

(1) 0　(2) 1つ　(3) 2つ　(4) 3つ　(5) 4つ

【問題9】 法令上，地下貯蔵タンクおよび地下埋設配管の定期点検（規則で定める漏れの点検）について，次のうち誤っているものはどれか。

(1) 点検は，完成検査済証の交付を受けた日，又は前回の点検を行った日から1年を超えない日までの間に1回以上行わなければならない。
(2) 危険物取扱者の立会を受けた場合は，危険物取扱者以外の者が漏れの点検方法に関る知識及び技能を有していなくても点検を行うことができる。
(3) 点検の記録は，3年間保存しなければならない。
(4) 点検は，法令で定める技術上の基準に適合しているかどうかについて行う。
(5) 点検記録には，製造所等の名称，点検年月日，点検の方法，結果及び実施者等を記載しなければならない。

【問題10】 法令上，学校，病院等の建築物等から製造所等の外壁（がいへき）又はこれに相当する工作物までの間に，それぞれ定められた距離を保たなければ

ならない製造所等と，その対象となる建築物等との距離（保安距離）の組合わせとして，次のうち法令に適合しているものはどれか。ただし，当該建築物との間に防火性の壁等は無いものとし，特例基準が適用されるものを除く。

	製造所等	建築物等と保安距離
(1)	屋内貯蔵所	幼稚園から 20m
(2)	一般取扱所	重要文化財に指定された建築物から 40m
(3)	屋外貯蔵所	屋外貯蔵所の存する敷地外の住居から 8m
(4)	製造所	使用電圧が 35000V を超える特別高圧架空電線から 5m
(5)	屋外タンク貯蔵所	高圧ガス保安法により都道府県知事から許可を受けた貯蔵所から 15m

【問題 11】 法令上，顧客（こきゃく）に自ら自動車等に給油させる給油取扱所に表示しなければならない事項の構造及び設備の技術上の基準として，次のうち誤っているものはどれか。

(1) 危険物の品目
(2) 顧客用固定給油設備の給油設備には，顧客が自ら用いることができる旨の表示
(3) ホース機器等の使用方法
(4) 営業時間
(5) 自動車等の停止位置

【問題 12】 危険物の取扱いの技術上の基準について，次の文の（ ）内に当てはまる法令に定められている温度はどれか。

「移動貯蔵タンクから危険物を貯蔵し，又は取り扱うタンクに引火点が（ ）の危険物を注入するときは，移動タンク貯蔵所の原動機を停止させること。」

(1) 0℃ 以上
(2) 20℃ 未満
(3) 20℃ 以上
(4) 40℃ 未満
(5) 40℃ 以上

【問題 13】 次のうち，警報設備の種類として誤っているものはどれか。

⑴ 自動火災報知設備

⑵ 消防機関に報知できる電話

⑶ 発煙筒

⑷ 拡声装置

⑸ 警鐘

【問題 14】 法令上，危険物を運搬容器に収納する場合の基準について，次のうち誤っているものはいくつあるか。

⑴ 固体の危険物は，運搬容器の内容積の 95% 以下の収納率で運搬容器に収納しなければならない。

⑵ 液体の危険物は，運搬容器の内容積の 98% 以下の収納率であって，かつ，55℃ の温度において漏れないように十分な空間容積を有して運搬容器に収納しなければならない。

⑶ 運搬容器は密封しなければならないが，容器内の圧力が上昇するおそれがある場合は，発生するガスが毒性又は引火性を有する等の危険性があるときを除き，ガス抜き口を設けた運搬容器に収納することができる。

⑷ 運搬する危険物が指定数量未満なら，運搬の技術上の基準は適用されない。

⑸ 第 4 類危険物のうち，水溶性の性状を有するものにあっては，運搬容器の外部に「水溶性」の表示をしなければならない。

【問題 15】 法令上，製造所等の使用停止命令の発令対象に該当しないものは，次のうちいくつあるか。

A 製造所の危険物取扱者が免状の書き換えを行っていないとき。

B 給油取扱所で危険物の取扱作業に従事している危険物取扱者が，免状の返納命令を受けたとき。

C 一般取扱所において，危険物保安監督者を定めていないとき。

D 危険物の取扱作業に従事している危険物取扱者が，危険物の取扱作業の保安に関する講習を受けていないとき。

E 危険物の貯蔵又は取扱いの方法が，危険物の貯蔵，取扱いの技術上の基準に違反しているとき。

⑴ 1つ ⑵ 2つ ⑶ 3つ ⑷ 4つ ⑸ 5つ

【問題 16】 水の状態変化を示した次の図の(a)(b)(c)のうち，気体，液体，固体はそれぞれどの部分に該当するか，次のうちから正しいものを選べ。

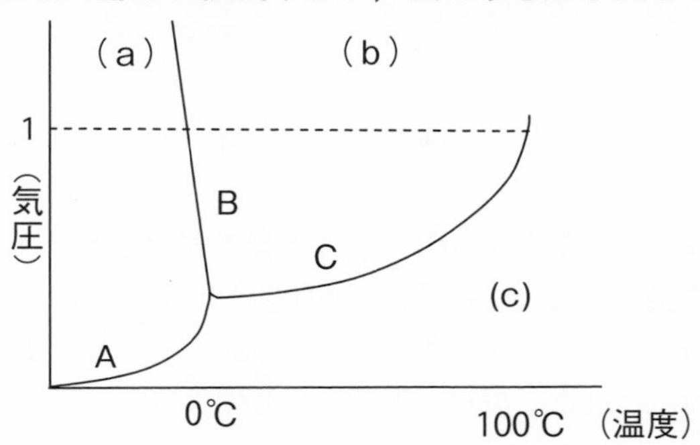

	(a)	(b)	(c)
(1)	気体	液体	固体
(2)	液体	固体	気体
(3)	固体	気体	液体
(4)	液体	気体	固体
(5)	固体	液体	気体

【問題 17】 熱容量 C を表す式として，次のうち正しいものはどれか。
ただし，比熱を c，質量を m とする。

(1) $C=c/m$　(2) $C=m/c$　(3) $C=mc$
(4) $C=mc^2$　(5) $C=m^2c$

【問題 18】 液温が 0℃ のガソリン 1000 ℓ を徐々に温めていったら 1020 ℓ となった。このときの液温に最も近い温度は次のうちどれか。
ただし，ガソリンの体膨張率を 1.35×10^{-3} とし，タンクの膨張およびガソリンの蒸発は考えないものとする。

(1) 5℃　(2) 10℃　(3) 15℃
(4) 20℃　(5) 25℃

【問題 19】 静電気による火災予防対策として，次のうち適切なものはいくつあるか。

A　ノズルから放出する可燃性液体の圧力を高くする。

B　可燃性液体をタンクに充てんした後の検尺（けんじゃく）棒による検尺は，静置（せいち）時間をとらずに素早く行う。

C　直射日光を避け，空気中の温度を低くする。

D　空気をイオン化する。

E　容器や配管などに導電（どうでん）性の高い材料（電流が流れやすい材料）を用いる。

⑴　1つ　　⑵　2つ　　⑶　3つ　　⑷　4つ　　⑸　5つ

【問題20】　次の物質の組合せのうち，物質を単体，化合物，混合物の3種類に分類した場合，混合物と混合物の組合せはどれか。

⑴　食塩水と酸素　　⑵　硝酸と希硫酸　　⑶　ベンゼンと水銀

⑷　灯油と空気　　⑸　塩化ナトリウムと硫黄

【問題21】　次の文章の（　）内のA～Dに入る語句の組合せとして，正しいものはどれか

「塩酸は酸なので，pHは7より(A)，また，水酸化ナトリウムの水溶液は塩基なので，pHは7より(B)。塩酸と水酸化ナトリウム水溶性を反応させると，食塩と水ができるが，この反応を(C)という。なお，この反応で生じたpH7の食塩水は，(D)である。」

	A	B	C	D
⑴	小さく	大きい	還元	アルカリ性
⑵	大きく	小さい	酸化	酸性
⑶	小さく	大きい	中和	中性
⑷	大きく	小さい	中和	中性
⑸	小さく	大きい	酸化	酸性

【問題22】　メタノールが完全燃焼したときの化学反応式について，次の文の（　）内のA～Cに当てはまる数字および化学式の組合せとして，正しいものはどれか。

(A)　CH_3OH ＋　　(B)　$O_2 \rightarrow 2$　　(C)　＋$4H_2O$

	(A)	(B)	(C)
(1)	2	3	CO_2
(2)	2	3	CO
(3)	3	2	$HCHO$
(4)	3	2	CH_4
(5)	4	3	CO_2

【問題 23】 可燃性蒸気の燃焼範囲の説明として，次のうち正しいものはどれか。

(1) 燃焼するのに必要な酸素量のことである。
(2) 燃焼によって被害を受ける範囲のことである。
(3) 空気中において，燃焼することができる可燃性蒸気の濃度範囲のことである。
(4) 可燃性蒸気が燃焼を開始するのに必要な熱源の濃度範囲のことである。
(5) 燃焼範囲によって発生するガスの濃度範囲のことである。

【問題 24】 動植物油の自然発火について，次の文の（ ）内の A～C に当てはまる語句の組合せとして，正しいものはどれか。

「動植物油の自然発火は，油が空気中で(A)され，この反応で発生した熱が蓄積されて発火点に達すると起こる。自然発火は，一般に乾きやすい油ほど(B)，この乾きやすさを，(C)に吸収するヨウ素のグラム数で表したものをヨウ素化という。」

	A	B	C
(1)	酸化	起こりにくく	100g
(2)	還元	起こりにくく	100g
(3)	酸化	起こりにくく	10g
(4)	還元	起こりやすく	10g
(5)	酸化	起こりやすく	100g

【問題 25】 二酸化炭素消火剤について，次のうち正しいものはどれか。

(1) 化学的に不安定である。……………二酸化炭素は火災に熱せられると一酸化炭素となり，消火中，突然爆発することがある。

(2)　消火後の汚損が少ない。……………粉末および泡消火剤のように機器等を汚損させることはない。

(3)　電気絶縁性が悪い。…………………電気絶縁性が悪いので電気火災には使用できない。

(4)　長期貯蔵ができない。………………固体や液体で貯蔵できないため，ガスの状態で貯蔵するが，経年で変質しやすいため，長期貯蔵ができない。

(5)　人体への影響はほとんどない。……化学的に分解して有害ガスを発生することはなく，また二酸化炭素そのものは無害であることから，密閉された場所で使用しても人体に対する影響はほとんどない。

危険物の性質並びにその火災予防及び消火の方法

【問題 26】　次の性状を有する危険物の類別として，正しいものは次のうちどれか。

「この類の危険物は，いずれも可燃性であり，また，多くは分子中に酸素を含んでいる。加熱，衝撃，摩擦等により発火，爆発のおそれがある。」

(1)　第 1 類の危険物
(2)　第 2 類の危険物
(3)　第 3 類の危険物
(4)　第 5 類の危険物
(5)　第 6 類の危険物

【問題 27】　第 4 類危険物の一般的性状について，次の文の（　）内の A～D に当てはまる語句の組合せとして，正しいものはどれか。

「第 4 類の危険物は，引火点を有する (A) である。比重は 1 より (B) ものが多く，蒸気比重は 1 より (C)。また，電気の (D) であるものが多く，静電気が蓄積されやすい。」

	A	B	C	D
(1)	液体または固体	大きい	小さい	不導体
(2)	液体	大きい	大きい	導体
(3)	液体または固体	小さい	大きい	不導体

⑷　液体　　　　　　　小さい　小さい　導体
⑸　液体　　　　　　　小さい　大きい　不導体

【問題 28】　ジエチルエーテルと二硫化炭素について，次のうち誤っているものはどれか。

⑴　どちらも水より重い。
⑵　どちらも燃焼範囲は極めて広い。
⑶　どちらも発火点はガソリンより低い。
⑷　ジエチルエーテルの蒸気は麻酔性があり，二硫化炭素の蒸気は毒性がある。
⑸　どちらも二酸化炭素，ハロゲン化物などが消火剤として有効である。

【問題 29】　ガソリンや灯油の火災に対する消火について，次のうち誤っているものはどれか。

⑴　霧状の強化液消火剤は，効果がある。
⑵　二酸化炭素消火剤は，効果がある。
⑶　泡消火剤は，効果がある。
⑷　粉末消火剤は，効果がある。
⑸　ハロゲン化物消火剤は，全く効果がない。

【問題 30】　灯油を貯蔵し，取り扱うときの注意事項として，次のうち正しいものはどれか。

⑴　蒸気は空気より軽いので，換気口は室内の上部に設ける。
⑵　静電気を発生しやすいので，激しい動揺または流動を避ける。
⑶　常温（20℃）で容易に分解し，発熱するので，冷所に貯蔵する。
⑷　直射日光により過酸化物を生成するおそれがあるので，容器に日覆(ひおお)いをする。
⑸　空気中の湿気を吸収して，爆発するので，容器に不燃性ガスを封入する。

【問題 31】　泡消火剤の中には，水溶性液体用の泡消火剤とその他の一般の泡消火剤とがある。次の危険物の火災を泡で消火しようとする場合，一般の泡消火剤では適切でないものはどれか。

⑴　キシレン
⑵　トルエン

⑶ ジェット燃料油
⑷ アセトン
⑸ ベンゼン

【問題 32】 自動車ガソリンの一般的性状について，次のうち正しいものはどれか。
⑴ 水より重い。
⑵ 引火点が低く，冬期の屋外でも引火の危険性は大きい。
⑶ 燃焼範囲は，ジエチルエーテルより広い。
⑷ 液体の比重は，一般に灯油や軽油より大きい。
⑸ 自然発火しやすい。

【問題 33】 アクリル酸の性状について，次のうち誤っているものはどれか。
⑴ 酢酸のような刺激臭のある無色の液体である。
⑵ 水やエーテルに溶ける。
⑶ 蒸気を吸入すると粘膜をおかされ，気管支炎，肺炎などを起こしやすく，液体に触れると炎症を起こす。
⑷ 重合しやすいので，市販されているものには重合防止剤が含まれている。
⑸ 重合しやすいが，重合熱は極めて小さいので，発火，爆発のおそれはない。

【問題 34】 第 3 石油類について，次のうち誤っているものはどれか。
⑴ 不凍液に利用されているのは，エチレングリコールである。
⑵ グリセリンは甘味のある液体で，比重は水より大きい液体である。
⑶ クレオソート油は，木材の防腐剤に用いられる有毒な液体である。
⑷ ニトロベンゼンは，空気中で発火する。
⑸ 重油の発火点は 100℃ より高い。

【問題 35】 ニトロベンゼンについて，次のうち正しいものはどれか。
⑴ 黒褐色の液体である。
⑵ 比重は 1 以下である。
⑶ 水によく溶ける。
⑷ 蒸気比重は 1 以下である。
⑸ 引火点は 100 度未満である。

模擬問題解答

法　令

【問題1】解答 (3)

解説「第1石油類とは，アセトン，ガソリンその他1気圧において引火点が（**21℃未満**）のものをいう。」となります。

【問題2】解答 (5)

解説 (1)　p. 18の表2より，正しい。

(2)　第1石油類の水溶性は**400 ℓ**，アルコール類も**400 ℓ**で同じです。

(3)　第2石油類の水溶性は**2000 ℓ**，第3石油類の非水溶性も**2000 ℓ**で同じです。

(4)　p. 18の表2より，第1石油類，第2石油類，第3石油類の指定数量の欄を見ると，水溶性が非水溶性液体の2倍となっているので，正しい。

(5)　第3石油類の水溶性は**4000 ℓ**，第4石油類は**6000 ℓ**なので，同じではありません。

【問題3】解答 (2)

解説 ドラム缶がいきなり出てきたので戸惑うかもしれませんが，ドラム缶の容量200 ℓに本数を掛ければ貯蔵している量が求まります。

また，「指定数量以上」ということは，指定数量の倍数の合計が1以上になったときのことで，最後の軽油を含めて合計したときに**1以上**あればよい，ということです。

従って，各危険物の倍数を求めると，アセトアルデヒドはp. 18，表2より，指定数量の倍数は**50 ℓ**。よって，10 ℓは10÷50＝**0.2**。

また，重油の指定数量は**2000 ℓ**。貯蔵量は，200（ℓ／本）×2（本）＝400 ℓ。

よって，指定数量の倍数は，400÷2000＝**0.2**。

ギヤー油の指定数量は**6000 ℓ**。貯蔵量は，200（ℓ／本）×6（本）＝1200 ℓ。よって，指定数量の倍数は，1200÷6000＝**0.2**。

従って，3つの指定数量の倍数の合計は，0.2＋0.2＋0.2＝**0.6**となります。ということは，あと軽油を指定数量の0.4倍貯蔵すれば，「指定数量以上（1以上）」ということになります。

模擬問題2

軽油の指定数量は**1000ℓ**なので，0.4倍は，1000×0.4＝400ℓとなり，200ℓ入りドラム缶では**2本**，ということになります。

なお，最近の傾向として，「**指定数量の10倍**」というのがよく出題されていますが，この問題の「1倍」を「10倍」にして計算すればよいだけです。

【問題4】解答 (5)

解説 2以上の都道府県の区域にわたって設置される移送取扱所の場合は，**総務大臣**の許可が必要になります。（注：移送取扱所は**鉄道**や**隧道**（トンネル）**内には設置できないので注意！⇒出題例あり**）。

【問題5】解答 (4)

解説 再交付は**免状を交付**した都道府県知事か**免状の書換え**を受けた都道府県知事です。

従って，Aは「交付又は書替え」になります。また，Bは「免状を亡失してその再交付を受けた者が，亡失した免状を発見したときは，これを**10日以内**に免状の**再交付**を受けた都道府県知事に提出しなければならない。」となっているので，Bは「10日以内」，Cは「再交付」となります。

【問題6】解答 (3)

解説 (1) 継続して従事している者が免状の交付を受けた場合は，**免状交付日**以後における最初の4月1日から**3年以内**に受講する必要があります。

従って，2年前ならその「3年以内」に入っており，受講時期はまだ過ぎていないことになります。

(2) 危険物取扱作業に従事し始めた1年前に戻ると，1年6か月前は「従事開始の6か月前」になります。よって，「過去**2年**以内に**免状の交付**を受けた場合」に該当します。従って，その交付日以後における最初の4月1日から**3年**以内に受講すればよいので，1年6か月なら，受講時期はまだ過ぎていないことになります。

(3) まず，危険物保安監督者は資格があり，実務経験者なので，受講義務があります。さて，問題の危険物保安監督者は継続して従事している者に該当するので，「前回講習を受けた日以後における最初の4月1日から**3年**以内」に受講する必要があり，5年も経っているので，受講時期が過ぎていることになります。

(4) 危険物の取扱作業に従事していない者に受講義務はないので，当然，受講時期も過ぎていないことになります。

(5) 継続して従事している場合は，前回の講習を受けた日以後における最初の4月1日から**3年**以内ごとに受講すればよいので，2年なら受講時期はまだ過ぎていないことになります。

【問題7】解答 (4)

解説 危険物の品名，指定数量の倍数にかかわりなく定めなければならない製造所等は，**・製造所・給油取扱所・屋外タンク貯蔵所・移送取扱所**の4つであり，(4)の給油取扱所が含まれています（⇒p. 45の重要**2**参照）。

【問題8】解答 (4)

解説 まず，(A)については，予防規程を定めなければならない製造所等は，法で定められた一定の製造所等であり，すべてではないので×。

(B)はその通り。

(C)，(D) 予防規程は**市町村長等**に対して**認可**を受けなければならないので，両方とも×。

従って，誤っているのは，A，C，Dの3つとなります。

なお，正しくは，次のようになります。

「(A) **一定の製造所等**の(B) 所有者等は，当該製造所等の火災を予防するため，規則で定める事項について，予防規程を定め，(C) **市町村長等**の(D) **認可**を受けなければならない。」

【問題9】解答 (2)

解説 (1) 点検の時期ですが，参考までに，移動タンク貯蔵所の場合は**5年**で，記録は**10年間**保存します。

(2) 危険物取扱者の立会を受けた場合は，無資格者でも点検を行えますが，その場合，その危険物取扱者以外の者が「**漏れの点検方法に関する知識及び技能を有していること**」という条件が必要になります。

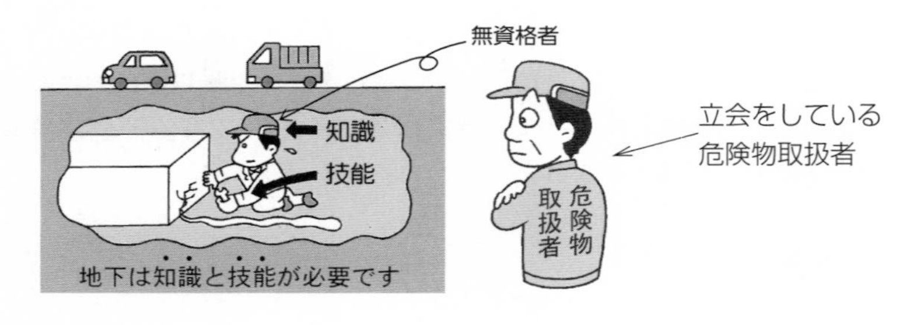

【問題 10】解答 (4)

解説 非常に難しい言葉が並んでいますが，p. 60 ② の表で距離をチェックして，それに合格する製造所等が正解になります。

よって，(1) から順にチェックしていきます。

(1) 幼稚園は (e) の「多数の人を収容する施設」になるので，30m 以上が必要なため，20m では足りません。

(2) 重要文化財 (f) からは，50m 以上必要なため，40m では足りません。

(3) 敷地外の住居 (c) からは 10m 以上必要なため，8m では足りません。

(4) 使用電圧が 35000V を超える特別高圧架空電線 (b) からは，5m 以上必要なため，これが正解です。

(5) 高圧ガス施設 (d) からは，20m 以上必要なため，15m では足りません。

【問題 11】解答 (4)

解説 営業時間の表示は不要です。なお，(2) については，顧客用固定給油設備以外の給油設備に対しては，「顧客が自ら用いることができない旨の表示」が必要です。

【問題 12】解答 (4)

解説 p. 76〈取扱いの基準〉の ② より，引火点が **40℃ 未満**の危険物を注入するときは，移動タンク貯蔵所の原動機を停止させる必要があります。

【問題 13】解答 (3)

解説 警報設備の種類は，「**自動火災報知設備，拡声装置，非常ベル装置，消防機関に報知できる電話，警鐘**」となっており，(3) の発煙筒は含まれていません（⇒ p. 86）。

【問題 14】解答 (4)

解説 運搬する危険物が指定数量未満であっても，消防法による**運搬の基準**が適用されます（注：危険物の**貯蔵**，**取扱い**の場合なら，指定数量未満の場合，**市町村条例**の規制を受けるので，両者の違いに注意）。

〈指定数量について〉

・指定数量以上 ⇒ **消防法**の適用　　・指定数量未満 ⇒ **市町村条例**の適用

・運搬の場合は，指定数量以上，未満にかかわらず**消防法**が適用される。

【問題 15】解答 (4)

解説 p. 93 を参照しながら，使用停止命令の発令事由に該当するものに○，該当しないものに×を付すと，次のようになります。

A，B　×。許可の取り消し，使用停止命令のいずれの発令事由にも該当しません。

C　○。(2)の①に該当するので，**使用停止命令**の発令事由になります。

D　×。保安に関する講習を受けていないときは，免状の返納命令の対象にはなりますが，使用停止命令の発令対象にはなりません。

E　×。使用停止命令ではなく，**危険物の貯蔵及び取扱い基準の遵守命令**の発令対象になります。なお，この遵守命令が発令されたのに，その命令に違反したときに，(2)の③の命令が発令されます。

従って，使用停止命令の発令対象に該当しないものは，C 以外の 4 つになります。

基礎的な物理学及び基礎的な化学

【問題 16】解答 (5)

解説 本文では説明しませんでしたが，本試験でたまに出題されているので，とりあえず，解答だけでも覚えてもらっても結構です。説明としては，図の 1 気圧のラインと温度に注目します。すると，(a)は 0℃ 以下になるので，氷（固体），(b)は 0℃ から 100℃ までの状態を示しているので水（**液体**），(c)は 100℃ 以上にもわたっているので蒸気（**気体**）ということになります（A は昇華曲線，B は融解曲線，C は蒸気圧曲線といいます。）。

【問題 17】解答 (3)

解説 熱容量は**比熱** c にその物質の**質量** m を掛けた値です。⇒ $C = mc$

【問題 18】解答 (3)

解説 p. 107 より，**増加体積＝元の体積×体膨張率×温度差**

増加体積は，膨張後が 1020 ℓ で元の体積が 1000 ℓ なので，1020－1000＝20 ℓ。従って，先ほどの式より，$20 = 1000 \times 1.35 \times 10^{-3} \times$ 温度差　となります。

そこで，まずは，温度差を求めます。

$20 = \underline{1000} \times 1.35 \times \underline{10^{-3}} \times$ 温度差　$\left(\underline{1000} \times \underline{10^{-3}} = 1000 \times \frac{1}{1000} = 1 \text{ より} \right)$

$20 = 1.35 \times$ 温度差

温度差 $= 20 \div 1.35$

$= 14.8\cdots\cdots$

元の液温が 0℃ なので，0＋14.8＝14.8℃ となり，これに近い温度は 15℃ となります。

【問題 19】解答 (2)

解説 A　圧力を高くするほど摩擦が大きくなり，静電気が発生しやすくなるので，火災予防対策としては**不適切**です。

B　素早く行うと，静電気が発生しやすくなるので**不適切**です。なお，タンクには検尺口（けんじゃく）というものがあり，検尺棒という棒をそこからタンクの底に当たるまで入れて，液面の高さをチェックすることを検尺といいます。

C　直射日光を避けて，空気中の温度を低くしたからといって，静電気の蓄積を防止することにはならないので，**不適切**です。

D　空気をイオン化すると静電気が電気的に中和され，静電気の蓄積を防止することができるので，**適切**です。

E　導電性の高い材料を用いることで，静電気の蓄積を抑制できるので，**適切**です。

従って，火災予防対策として適切なものは，D と E の 2 つになります。

【問題 20】解答 (4)

解説 (p. 115 の物質の例を参照)

(1)　食塩水は混合物ですが，酸素は**単体**です。

(2)　硝酸（HNO_3）は**化合物**で，希硫酸は**混合物**です。

(3)　ベンゼンは**化合物**で，水銀は**単体**です。

(4)　灯油，空気ともに**混合物**です。

(5)　塩化ナトリウム（NaCl）は食塩のことで，**化合物**，硫黄は**単体**です。

【問題 21】解答 (3)

解説 正解は，次のようになります（p. 118 の図を参照）。

「塩酸は酸なので，pH は7より（A：**小さく**），また，水酸化ナトリウムの水溶液は塩基なので，pH は7より（B：**大きい**）。塩酸と水酸化ナトリウム水溶性を反応させると，食塩と水ができるが，この反応を（C：**中和**）という。なお，この反応で生じたpH7の食塩水は，（D：**中性**）である。」

【問題 22】解答 (1)

解説 この化学反応式については，本文では説明していないので，突然の出題に驚かれたと思いますが，このメタノールの化学反応式は，最近，たまに出題されているので，解答だけでも覚えておいてもらいたいという思いから出題しました。

そのメタノールの化学反応式は次のようになります。

$$\underline{2}CH_3OH + \underline{3}O_2 \rightarrow \underline{2}CO_2 + \underline{4}H_2O$$

（覚え方⇒**メタボ**　**の**　**兄**　**さん，**　**ニ**　**シン**　**が好き**
　　　　メタノール　　　2　3　　2　4　）

（注：問題によっては，右辺の CO_2 と H_2O が逆の順になっている場合があります）

この2とか3というのは，係数（けいすう）といいます。

この係数だけでも覚えておいてください。

また，有機化合物のところで学習しましたが，有機化合物が燃焼すると，**二酸化炭素**と**水**が発生します。

右の辺の「$2CO_2 + 4H_2O$」はそれを表しており，二酸化炭素は $\mathbf{CO_2}$ 水は $\mathbf{H_2O}$ と表すんだな，とでも覚えておいてください。

なお，プロパン（$\mathbf{C_3H_8}$）の場合の化学反応式は，次のとおりで，過去に出題されてるので，可能なら数字だけでも覚えておいて下さい。

$$C_3H_8 + \underline{5}O_2 \rightarrow \underline{3}CO_2 + \underline{4}H_2O$$

【問題 23】解答 (3)

解説 燃焼範囲は，「**空気中において，燃焼することができる可燃性蒸気の濃**

度範囲」のことをいいます。

【問題 24】 解答 (5)

解説 正解は，次のようになります。

「動植物油の自然発火は，油が空気中で（A：**酸化**）され，この反応で発生した熱が蓄積されて発火点に達すると起こる。自然発火は，一般に乾きやすい油ほど（B：**起こりやすく**），この乾きやすさを，（C：**100g**）に吸収するヨウ素のグラム数で表したものをヨウ素化という。」

【問題 25】 解答 (2)

解説 (1) 二酸化炭素は化学的に安定しているので，長期貯蔵が可能です。また，二酸化炭素が熱せられても一酸化炭素にはなりません。

(3) 二酸化炭素消火剤は電気絶縁性が良い（⇒電気を通しにくい）ので，電気火災には使用できます。

(4) (1) より，長期貯蔵が可能です（経年(けいねん)で変質しにくい）。

(5) 二酸化炭素は**窒息効果**があるので，密閉された場所で使用すると，酸欠事故のおそれがあります。

危険物の性質並びにその火災予防及び消火の方法

【問題 26】 解答 (4)

解説 まず，可燃性であることから，「燃えないイチロー」より，不燃性の**1類と6類**ではありません。また，「多くは分子中に酸素を含んでいる」ので，**第1類**と**第6類**の酸化剤か**第5類危険物**ということになりますが，上記下線部より第1類と第6類ではないので，答えは**第5類危険物**ということになります。

【問題 27】 解答 (5)

解説 正解は，次のようになります。

「第4類の危険物は，引火点を有する（A：**液体**）である。比重は1より（B：**小さい**）ものが多く，蒸気比重は1より（C：**大きい**）。また，電気の（D：**不導体**）であるものが多く，静電気が蓄積されやすい。」

（Dの不導体とは，電気を通しにくい物質のことです。）

【問題 28】解答 (1)

解説 (1) p. 150, (1)の「水より重いもの」を思い出してください。

その中に二硫化炭素がありました。しかし，ジエチルエーテルは入っていません。

従って，二硫化炭素は**水より重い**が，ジエチルエーテルは，そうではない（**水より軽い**）ので，誤りです。

(2) 燃焼範囲は，ジエチルエーテルが **1. 9〜36. 0vol%**，二硫化炭素が **1. 3〜50Vol%** なので，正しい。

(3) 発火点は，ジエチルエーテルが **160℃**，二硫化炭素が **90℃**，ガソリンが約 **300℃** なので，ガソリンより低く，正しい。

(5) 第 4 類危険物に適応しない消火剤は，「**水と棒状の強化液消火剤**」なので，それ以外の二酸化炭素，ハロゲン化物などは消火剤として有効です。

【問題 29】解答 (5)

解説 ガソリンや灯油などの具体的な名前が出されているので，一瞬，戸惑うかもしれませんが，要するに，**第 4 類危険物の火災に対する消火**について質問しているだけです。

第 4 類危険物に適応しない消火剤は，「**水と棒状の強化液消火剤**」です。

従って，(5) のハロゲン化物消火剤も適応するので，これが誤りです。

【問題 30】解答 (2)

解説 (1) 第 4 類危険物の蒸気は空気より**重い**ので，換気口は室内の**下部**に設けます。

(3) 灯油は蒸発しにくい物質で，常温（20℃）で分解して発熱することはありません。

(4) 問題文の性質がある物質は，特殊引火物の**ジエチルエーテル**や**アセトアルデヒド**です。

(5) 容器に不燃性ガスを封入するのは，同じく特殊引火物の**アセトアルデヒド**や**酸化プロピレン**です。

【問題 31】解答 (4)

解説 **水溶性の危険物**の火災には，**水溶性液体用泡消火剤**を用いなければなりません。

そこで，p. 150 (2) の「水に溶けるもの」を見ると，(4) のアセトンが入っているので，一般の泡消火剤では不適切になります。

【問題 32】解答 (2)

解説 (1) 比重が，**0.65～0.75** なので，水より**軽い**物質です。

(2) 引火点が**－40℃ 以下**なので，正しい。

(3) ガソリンの燃焼範囲は，**1.4～7.6vol%**，ジエチルエーテルは **1.9～36vol%**なので，ジエチルエーテルの方が広く，誤りです。

(4) 液体の比重は，(1)より，ガソリンが **0.65～0.75**，灯油が **0.8**，軽油が **0.85** なので，灯油や軽油の方が大きく，誤りです。

(5) 自然発火しやすいのは，動植物油類の**乾性油**です。

【問題 33】解答 (5)

解説 このアクリル酸は，**重合反応**という現象を起こしやすく，その重合熱はきわめて**大きく**，発火，爆発のおそれが大きいので，市販されているものには (4) にある**重合防止剤**が含まれています。

【問題 34】解答 (4)

解説 (4) は自然発火に該当しますが，第 3 石油類には自然発火性はありません（自然発火のおそれがあるのは動植物油類の**乾性油**です。なお，(2) のグリセリンの比重は **1.30**，(5) の重油の発火点は，**250～380℃** です。）

【問題 35】解答 (5)

解説

(1) **淡黄色**の液体です。

(2) 比重は **1.2** なので，**1 以上**です。

(3) ほとんどの第 4 類危険物同様，水にはほとんど溶けません。

(4) 第 4 類危険物の蒸気比重は，すべて **1 以上**（空気より重い）です。

(5) ニトロベンゼンの引火点は 88℃ で，重油と同じく第 3 石油類の非水溶性液体です。

巻末資料 1

第 4 類危険物に属する品名および主な物質は，次のようになります。

表 2　主な第 4 類危険物のデータ一覧表

○：水に溶ける　△：少し溶ける　×：溶けない

品名	物品名	水溶性	アルコール	引火点℃	発火点℃	比重	沸点℃	燃焼範囲 vol%	液体の色
特殊引火物	ジエチルエーテル	△	溶	−45	160	0.71	35	1.9〜36.0	無色
	二硫化炭素	×	溶	−30	90	1.30	46	1.3〜50.0	無色
	アセトアルデヒド	○	溶	−39	175	0.78	20	4.0〜60.0	無色
	酸化プロピレン	○	溶	−37	449	0.83	35	2.8〜37.0	無色
第一石油類	ガソリン	×	溶	−40 以下	約300	0.65〜0.75	40〜220	1.4〜7.6	オレンジ色（純品は無色）
	ベンゼン	×	溶	−11	498	0.88	80	1.3〜7.1	無色
	トルエン	×	溶	4	480	0.87	111	1.2〜7.1	無色
	メチルエチルケトン	△	溶	−9	404	0.8	80	1.7〜11.4	無色
	酢酸エチル	△	溶	−4	426	0.9	77	2.0〜11.5	無色
	アセトン	○	溶	−20	465	0.79	57	2.15〜13.0	無色
	ピリジン	○	溶	20	482	0.98	115.5	1.8〜12.8	無色
アルコール類	メタノール	○	溶	11	385	0.80	64	6.0〜36.0	無色
	エタノール	○	溶	13	363	0.80	78	3.3〜19.0	無色
第二石油類	灯油	×	×	40 以上	約220	0.80	145〜270	1.1〜6.0	無色，淡紫黄色
	軽油	×	×	45 以上	約220	0.85	170〜370	1.0〜6.0	淡黄色，淡褐色
	キシレン	×	溶	33	463	0.88	144	1.0〜6.0	無色
	クロロベンゼン	×	溶	28	593	1.1	132	1.3〜9.6	無色
	酢酸	○	溶	39	463	1.05	118	4.0〜19.9	無色
第三石油類	重油	×	溶	60〜150	250〜380	0.9〜1.0	300		褐色，暗褐色
	クレオソート油	×	溶	74	336	1.1	200		暗緑色
	アニリン	△	溶	70	615	1.01	184.6	1.3〜11	無色，淡黄色
	ニトロベンゼン	×	溶	88	482	1.2	211	1.8〜40	淡黄色，暗黄色
	エチレングリコール	○	溶	111	398	1.1	198		無色
	グリセリン	○	溶	177	370	1.30	290		無色

巻末資料 2

消防法別表第 1

（一部省略してあります）

種　別	性　質	品　　名（カッコ内は過去出題例のある指定数量）
第 1 類	酸化性固体	1．塩素酸塩類 2．過塩素酸塩類 3．無機過酸化物 4．亜塩素酸塩類 5．臭素酸塩類 6．**硝酸塩類** 7．よう素酸塩類 8．過マンガン酸塩類 9．重クロム酸塩類　　　など
第 2 類	可燃性固体	1．**硫化りん（100kg）** 2．**赤りん（100kg）** 3．**硫黄（100kg）** 4．**鉄粉（500kg）** 5．**金属粉** 6．**マグネシウム** 7．引火性固体（固形アルコール等）　　　など
第 3 類	自然発火性物質及び禁水性物質	1．**カリウム（10kg）** 2．**ナトリウム（10kg）** 3．アルキルアルミニウム 4．アルキルリチウム 5．**黄リン（20kg）** 6．カルシウムまたはアルミニウムの炭化物　　　など
第 4 類	引火性液体	1．**特殊引火物** 2．**第 1 石油類** 3．**アルコール類** 4．**第 2 石油類** 5．**第 3 石油類** 6．**第 4 石油類** 7．**動植物油類**
第 5 類	自己反応性物質	1．有機過酸化物 2．硝酸エステル類 3．ニトロ化合物 4．ニトロソ化合物　　　など
第 6 類	酸化性液体	1．過塩素酸 2．**過酸化水素（300kg）** 3．**硝酸**　　**（300kg）**など

索　引

索引

た

な

は

ま

や

ら

MEMO

MEMO

MEMO

MEMO

MEMO

読者の皆様方へご協力のお願い

小社では，常に本シリーズを新鮮で，価値あるものにするために不断の努力を続けております。つきましては，今後受験される方々のためにも，皆さんが受験された「試験問題」の内容をお送り下さい（1問単位でしか覚えておられなくても構いません）。

試験の種類，試験の内容について，また受験に関する感想を書いてお送りください。

お寄せいただいた情報に応じて薄謝を進呈いたします。
ご住所，お名前，電話番号，受験の場所をご記入の上お送りください。
個人情報は，他の目的での使用は致しませんので，ご安心ください。
何卒ご協力お願い申し上げます。

〒546－0012
大阪市東住吉区中野2－1－27　　henshu2@kobunsha.org
㈱弘文社　編集部宛　　FAX：06(6702)4732

著者略歴 **工藤政孝**

学生時代より，専門知識を得る手段として資格の取得に努め，その後，ビルトータルメンテの（株）大和にて電気主任技術者としての業務に就き，その後，土地家屋調査士事務所にて登記業務に就いた後，平成15年に資格教育研究所「大望」を設立。(その後「KAZUNO」に名称を変更)。わかりやすい教材の開発，資格指導に取り組んでいる。

【過去に取得した資格一覧（主なもの)】

甲種危険物取扱者，第二種電気主任技術者，第一種電気工事士，一級電気工事施工管理技士，一級ボイラー技士，ボイラー整備士，第一種冷凍機械責任者，甲種第4類消防設備士，乙種第6類消防設備士，乙種第7類消防設備士，第一種衛生管理者，建築物環境衛生管理技術者，二級管工事施工管理技士，下水道管理技術認定，宅地建物取引主任者，土地家屋調査士，測量士，調理師など多数。

【主な著書】

わかりやすい！甲種危険物取扱者試験
わかりやすい！乙種第4類危険物取扱者試験
わかりやすい！乙種(科目免除者用) 1・2・3・5・6類危険物取扱者試験
わかりやすい！丙種危険物取扱者試験
最速合格！乙種第4類危険物でるぞ～問題集
最速合格！丙種危険物でるぞ～問題集
直前対策！乙種第4類危険物20回テスト
本試験形式！乙種第4類危険物取扱者模擬テスト
本試験形式！丙種危険物取扱者模擬テスト
わかりやすい！第一種衛生管理者試験
わかりやすい！第二種衛生管理者試験
わかりやすい！第4類消防設備士試験
わかりやすい！第6類消防設備士試験
わかりやすい！第7類消防設備士試験
本試験によく出る！第4類消防設備士問題集
本試験によく出る！第6類消防設備士問題集
本試験によく出る！第7類消防設備士問題集
これだけはマスター！第4類消防設備士試験 筆記＋鑑別編
これだけはマスター！第4類消防設備士試験 製図編

弊社ホームページでは，書籍に関する様々な情報（法改正や正誤表等）を随時更新しております。ご利用できる方はどうぞご覧下さい。 http://www.kobunsha.org
正誤表がない場合，あるいはお気づきの箇所の掲載がない場合は，下記の要領にてお問い合せ下さい。

この一冊で合格できる！
はじめての乙種第４類危険物

著　　者　工藤政孝（くどう まさたか）

印刷・製本　亜細亜印刷株式会社

発行所　株式会社　弘文社
〒546-0012 大阪市東住吉区中野２丁目１番27号
☎ (06) 6797—7441
FAX (06) 6702—4732
振替口座 00940—2—43630
東住吉郵便局私書箱１号

代表者　岡﨑　靖

ご注意
（１）本書は内容について万全を期して作成いたしましたが，万一ご不審な点や誤り，記載もれなどお気づきのことがありましたら，当社編集部まで書面にてお問い合わせください。その際は，具体的なお問い合わせ内容と，ご氏名，ご住所，お電話番号を明記の上，FAX，電子メール（henshu1@kobunsha.org）または郵送にてお送りください。
（２）本書の内容に関して適用した結果の影響については，上項にかかわらず責任を負いかねる場合がありますので予めご了承ください。
（３）落丁・乱丁本はお取り替えいたします。